托拉查笔记

后浪

Not a Hazardous Sport

Misadventures of an Anthropologist
in Indonesia

倒霉的人类学家

Nigel Barley

[英]奈吉尔·巴利 著

向世怡 译

海峡出版发行集团 | 海峡书局
THE STRAITS PUBLISHING & DISTRIBUTING GROUP

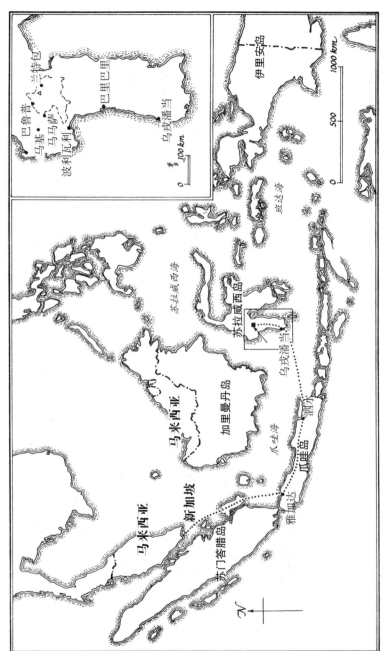

作者的托拉查之旅路线图

托拉查的水稻梯田

托拉查水牛

托拉查的传统房屋

房屋上的雕刻图案和水牛头

用竹子捆起的猪

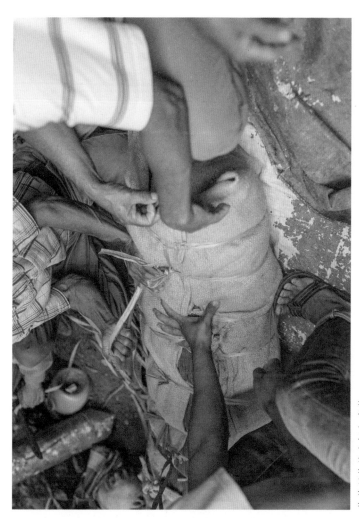

装着尸体的大捆包裹物

托拉查的传统墓地

# 目录

# 前　言

　　传统上，人类学家往往以学术专著的形式撰写有关其他民族的研究。这些著作往往有点枯燥和无聊，在作者的想象里，自己无所不知，像神一般威严，不仅拥有胜过"本地人"的敏锐的文化洞察力，而且从不犯错，不自欺也不会被他人欺骗。他们提供的异域文化地图没有死胡同。他们不动感情，从不兴奋或沮丧。总之，他们既不喜欢也不讨厌正在研究的民族。

　　本书不是这样的专著。它第一次尝试与"新"民族打交道——实际上，是一个完全"新"的大陆。它记录了错误的足迹和语言上的无能，驳斥了自己和他人先入为主的偏见。最重要的是，它不是笼统的探讨，而是描绘了与诸多个体的接触。

　　从严格的人类学角度看，这些接触是无效的，因为它们不是用当地人的第一语言，而是用印度尼西亚语进行的。印度尼西亚共和国（简称印尼）拥有数百甚至上千种当地语言，因此，第一次接触都是以民族语言为媒介，该语言的使用标志着交流的初步性质。然而，这种接触——在本书所涉及的两年多的时间里——变成了真正的人际关系和情感交流。

　　专著恰恰相反，它们在现实中强加一个虚假的秩序，让一切看起来恰如其分。本书是在调查的旅程中写成的，如果按照专著的写法，可以从现在矗立于伦敦人类博物馆[1]展览厅中宏伟的托拉查谷仓开始，以展示建筑规划如何具有民族志、财政和博物馆学意义。但本书并没有这么做。

在本书所涉及的项目中，许多人都提供了帮助。在英国，大英博物馆馆长和受托人颇有远见地为此次研究提供了资助。如果没有让·兰金和马尔科姆·麦克劳德的坚定支持和理解，本书的出版就不能成为现实。

在印度尼西亚，要感谢教育文化部的伊布·哈里亚蒂·苏巴迪奥、旅游部的乔普先生和路德·巴伦——他们亲自帮助我和各种官方渠道打交道，如果没有他们一直以来的帮助，我根本应对不来。雅各布先生、塔纳托拉查的布帕提、索思坡的帕坦迪亚南先生，以及尼科·帕萨卡一直乐于帮助我。在马马萨，感谢西拉斯·塔鲁帕当博士的款待和帮助。哈桑努丁大学的教授和伊布·阿拔斯在我非常困难的时候不遗余力地帮助了我。另外，一个反向的致意送给乌戎潘当移民办公室的W. 阿伦先生。

我还要感谢印度尼西亚驻伦敦大使馆尊敬的苏哈托约先生阁下和希达亚特先生。特别感谢印度尼西亚驻伦敦大使馆的W. 米塔先生，感谢他在整个项目中持续的支持、帮助和友谊。

---

1. 现属大英博物馆。1970年到1997年，人类博物馆位于伦敦大学学院梅菲尔伯灵顿花园的旧楼里，包括大英博物馆人种志（民族志）部的展览和人类学图书馆。2020年起，储存的藏品被转移到大英博物馆新建的场地。——本书注释均为译者、编者注

雅加达的托拉查基金会——尤其是J. 帕拉帕先生和H. 帕林丁先生——从一开始就对托拉查文化展览产生浓厚的兴趣，并担任赞助商，印尼鹰航也是如此。

如果没有萨列胡丁·本·哈吉·阿卜杜拉·萨尼令人愉悦的友谊、帮助和理解，这个项目就不会这样顺利构思并执行。

最重要的是，感谢许多普通的托拉查男人和女人，他们发自内心地关心我，不计个人得失地帮助我，从不考虑回报。

奈吉尔·巴利

第一章　新的旅程

"人类学不是一项危险的运动。"我一直对此有所怀疑。但令人欣慰的是，这件事被一家信誉良好、诚实守信的保险公司以白纸黑字的形式确认。毕竟，保险公司是最了解这样的事情的。

　　该声明是我跟保险公司长期通信的最终结果，主要本着超然的关切而不是严肃的调查精神进行。我为两个月的田野调查购买了健康保险，但没有明智地阅读小字限制条款。我也没有投保核攻击或外国政府的国有化保险。更令人震惊的是，如果被劫持，我的保险期限最长为12个月。自由落体跳伞和"所有其他危险运动"都被明确禁止。我现在得到的信息是："人类学不是一项危险的运动。"

　　摆在床上的装备似乎在对这一说法提出异议。我准备了净水片，以及治两种疟疾、脚气、化脓性溃疡、眼睑炎、阿米巴痢疾、花粉热、晒伤、虱子和蜱虫感染、晕船和呕吐的药。直到很久很久以后，我才意识到忘记带阿司匹林了。

　　这是一次艰苦的、绝不轻松的旅行，严峻的环境对我虚弱的体格会是一次致命的考验。在那里，所有东西都可能需要背着翻越高山、越过峡谷。这是我最后一次乐观地审视自己的体能，之后就得面对城市生活和人到中年，被折磨得面目全非。

一个角落放着新的背包，闪耀的绿色像热带甲虫的甲壳。新靴子在旁边现出悦人的光芒，散发着要让脚保持干燥的承诺。相机已清洁，镜头也已重新校准好。像士兵在上战场前清洗步枪并上油一样，所有琐事都已处理完毕。现在，在出发前的阴霾中，我脑袋空空、感官迟钝，坐在行李箱上感受着空虚的压抑。

我从未真正搞懂是什么驱使人类学家进入人类学这一领域。可能只是纯粹好管闲事，战胜了理智和谨慎。记忆并不可靠，这使我忘记了大部分田野工作的痛苦和乏味的回忆。可能是因为都市生活的乏味和循规蹈矩的生活让人失去了干劲，决定离开通常由相对较小的事引发，使日常的例行公事产生了新的角度。有一次，当一份题为《计算机在人类学中的应用》的冗长报告来到办公桌上时，我感到很受诱惑，因为我的机器太老了，所需的色带已经因没有商业价值不再售卖，导致花了40分钟才用手重新卷起打字机的色带。

问题是，田野工作往往是研究者为解决个人问题而做出的尝试，而不是试图了解其他文化。虽然在这个行业中，它常常被视为解决所有问题的灵丹妙药。婚姻破裂了？去做一些田野工作，找回一点感觉。对未晋升感到沮丧？田野工作会给你带来一些其他的烦恼。

但无论什么原因，民族志学家都能感受到野性的呼唤，就像穆斯林对前往麦加那种突然而迫切的需求一样。

去哪儿？这一次不是西非[1]，而是一个从未去过的地方。学生们经常向我询问去哪里进行田野调查。有些人有沉重的精神负担，只专注于一个主题——女性割礼或铁器锻造，给他们提供建议相对简单。其他人轻易就爱上了世界的某个特定地点，他们也很好打发。这样的喜好可以成为承受民族志工作诸多考验和失望的基础。然后是第三类，也是最困难的群体，我自己现在似乎也落入了这一群（一位同事不客气地称之为"人类学社会民主党"）——他们更清楚知道想要避免什么，而不是想要寻求什么。

在提出相关建议时，我总是问学生这样的问题："你为什么不去一个居民美丽、友好，到处是鲜花，同时还喜欢那里的食物的地方？"这样做的人通常会带着优秀的论文归来。现在这一点也适用于我自己了：西非显然被排除在外，不过答案一闪而现——印度尼西亚。我将在那里做进一步的调查。

我咨询了一位著名的研究印尼的学者——一位荷兰人，千鸟格夹克、长而优雅的元音和福尔摩斯式的烟斗，使他显得比英国人更有英伦味道。他用烟斗柄指着我。

"你正在遭受精神更年期的痛苦，"他喘着粗气说，"你需要彻底改变。人类学家到了他们的第一个田野调查地点，总是

---

1. 作者在西非的经历参见《天真的人类学家》一书。

艰难地发现：那里的人不像家乡的人——在你这里，多瓦悠人[1]不像英国人。但他们从来没有搞清楚，所有的民族都是不同的。你会在接下来的日子里兜兜转转，把遇到的人和事都当成多瓦悠人。你有研究经费吗？”

“还没有，但我大概能找到一些经费。”（做学术研究最可悲的是，当你年轻的时候，你有很多时间，但没有人会给你钱做研究。当你在学术系统里跃升到更高层级时，你通常可以说服某人为你提供资金，但你再也没有足够的时间做重要的研究。）

“经费是很棒的东西。我经常想，我会写一本书，讲述研究经费的计划用途与实际花在哪里之间的差距。我的车，”他从车窗里打了个手势，“来源于重新在打字机上打出我上一本书的经费。连着六个星期，整晚我独自坐着写作。这辆车并不好，但我的作品也不是很优秀。我结婚是靠研究亚齐人[2]的经费。我生第一个女儿是靠着访问德国的印尼研究机构的经费。”学术界——这是种斯文的贫穷。

“你最近离婚了，是因为得了经费吗？”

“不……我得自掏腰包。但这是值得的。”

“那我应该去哪里？”

他猛吸了一口烟，说：“你应该去苏拉威西岛[3]。如果有人问

---

1. 见《天真的人类学家》一书，记录了作者前往喀麦隆研究多瓦悠人的田野之旅。
2. 亚齐人，主要分布在印尼最西端、苏门答腊岛最北端的亚齐特别行政区，使用亚齐语。
3. 印度尼西亚中部的一个大型岛屿。

为什么，你就解释说因为当地孩子们的耳朵是尖的。"

"尖耳朵？像斯波克[1]？"

"就是这样。"

"但为什么呢？"

他像印尼火山一样喷出一股烟雾，神秘地微笑："去吧，你会明白的。"

我知道我动心了。我会去印度尼西亚的苏拉威西岛，看看孩子们尖尖的耳朵。

对远途旅程的期待可能会带来不少乐趣，但在仓促准备的工作中就不是这种体会了。注射疫苗——人们真的应该相信天花已经被根除了吗？"根除"，一个漂亮、干净、有力的词，却令人产生无限怀疑。狂犬病——你被疯狗咬伤的可能性有多大？但是你能因为被猫抓挠或被鸟啄而患病。丙种球蛋白？美国人发誓它绝对有用，英国人则不相信。最终，你做出了一个随意的选择，就像一个孩子随手抓了一把糖果一样。带几件衬衫？多少双袜子？平时衣服总是不够穿，现在却总有太多的衣服携带不了。锅？睡袋？有时两者不可或缺，但它们是否值得一路带到爪哇[2]去？牙和脚都得检查好了，要将自己的身体视为奴隶市场中棘手的商品。以及，是时候看看旅行指南和以前的民族志作品了。

---

1. 斯波克是科幻片《星际迷航》中的一个主要角色，长着尖耳朵，是瓦肯人与地球人的混血儿。
2. 爪哇是印度尼西亚的第五大岛，印尼首都雅加达位于该岛西北。

　　每个人说的故事都不一样，提前规划路线是不可能的。它们无法调和以达成一致。有个说法认为印尼是藏污纳垢之地，现在是这个国家衰退最严重的时期，到处是瘟疫。另一些人则视此地为宁静的避难所。一个旅行者声称走过的柏油碎石路，却被另一个旅行者宣布已经走不通。旅行指南与基金申请一样，都像是幻想出来的。我认识的荷兰学者可能都写过旅行指南。还有个问题是，你永远无法确定作者的"痛点"。对一个人来说"舒适"，对另一个人却是"昂贵到荒唐"。最终，唯一能做的就是实地看看。

　　地图必不可少。但事实上，它们只是给人一种虚假的确定感，好像你知道自己正走向何方。

　　卖地图的人是图书市场中真正的怪人——头发狂乱、眼镜被高高推到前额。

　　"苏拉威西地图？查理，有人想要一张苏拉威西岛的地图。"查理的眼镜滑到了鼻尖。他的眼神从一堆地图上方越过，盯着我。显然，他们不是每天都能卖出苏拉威西这类地区的地图。

　　"这个没办法给你，我们自己也想要一幅呢。给你一张战前荷兰制作的吧，但是上面什么都没有。印尼人用的就是这种，你懂的，害怕间谍。或者你可以要美国空军的调查图，但它是三张六英尺[1]见方的表格。"

　　"我希望有更方便的东西。"

---

1. 1 英尺约为 30.5 厘米。

"我们可以给你东马来西亚¹的政区图。你也可以看婆罗洲²地图，以及四英寸³见方的南苏拉威西地图，这样就完整了。但我想，如果你想去距离首都十英里⁴以外的地方，那也没多大用处。我们可以提供带有名录的首都街道地图。"

我看着这张图。人们曾多少次研究过这些雄心勃勃的街道和林荫道，它们在地面上变成了一座座炎热、尘土飞扬的小村庄，中间只有一条真正的道路连通。

"不。我觉得不合适。你看，连地名都变了。这座城不再被称为望加锡，而是乌戎潘当。"⁵

查理看起来很震惊。"先生，这是 1944 年的地图。"确实是，它上面的名录都是荷兰语。

钱一如既往地不够用，是时候打电话给廉价机票店来张便宜的票了。去苏拉威西岛的机票几乎无法买到，最好的办法是先去新加坡中转。

令人惊讶的不是票价因航空公司而异，而是即便乘坐同一家航空公司的同一班次，支付的票价也可能不同。随着航线的减少和机票价格的下降，航空公司变得越来越不可信，越来越露骨。芬兰航空的航线玩起了消失的把戏，马达加斯加航空价

---

1. 旧称东马来西亚（简称东马），现称沙巴砂拉越。
2. 即加里曼丹岛，世界第三大岛，约三分之二为印度尼西亚领土。
3. 1 英寸约为 2.54 厘米。
4. 1 英里约为 1.6 千米。
5. 望加锡坐落于苏拉威西岛的西南部，为印度尼西亚南苏拉威西省的首府，亦是苏拉威西岛上最大的城市。在 1971 至 1999 年曾称作乌戎潘当。

格昂贵，却时不时给乘客带来狂野的飞行体验。最后，我选择了一家自称"起飞后你就放心了"的第三世界的航空公司。在牛津街的一个阁楼上，我遇到了一个神经质的小个子男人，他看起来像是压力带来的灾难性后果的集中展示——干瘪、焦虑不安、咬指甲、连续抽烟。他被一大堆纸和一个不停响起的电话包围着。我付了钱，他开始写票据。电话在一旁铃铃作响。

"你好。什么？谁啊？啊，是的。我很抱歉。问题是每年这个时候所有的航班都是向东飞的，所以很难找到余票。"接着对电话线另一端的人进行了五分钟的安抚和解释，对方显然非常生气。他挂了电话，咬了咬指甲，继续写票据。很快，电话又响了。

"你好。什么？什么时候？呃，好吧。问题是每年这个时候所有的亚洲人都在向西走，所以很难找到余票。"又是五分钟令人舒缓的噪音。他绝望地吸了一口烟。电话又响了起来。

"你好。什么？对不起。在我从事这项业务的这些年里，这从未发生过。我肯定把票寄给你了。"他从一叠票里挑出来一张，放入信封，开始写地址。

"问题是每年这个时候，大部分邮局都在放假，所以会有延误。"

带着可怕的预感，我把票装进口袋，离开了。

就这样，我陷入出发前的沮丧中。我背着甲壳虫背包在房间里转了一圈，然后打开它把里面一半的东西扔了出去。我不需要这么麻烦。到达机场时，飞机上却没有空位，一周内也没有其他的飞机。我给已经压力很大的旅行社打了电话。

"什么？谁？在我做这行的这些年里从未发生过。问题是每年这个时候，多出来的航班都会受季风的影响。不过我会给你全额退款。我现在就把支票装入信封里。"几周后，当我收到信时，里面的支票还没法兑现。

据说每一个积极的事物，都需要消极的一面来明确它的定义，以便在更大的系统中确立其位置。这也许是苏联航空[1]在航空界的角色——航空公司的反面教材。没有优雅的乘务员，只有身材魁梧、留着卷曲八字胡的"监狱看守"。飞机上没有精致的菜肴，只有炸鸡。在伦敦飞新加坡的航班上，我们吃了五次炸鸡，时而热，时而冷，但总算还能吃出炸鸡味。我没有拖着行李回家，而是选择了当天唯一的廉价航班——苏航。

类似丁香油一样奇怪的气味在机舱内蔓延，厕所里的气味特别刺鼻——一个完全没有纸的地方。人们从厕所出来满脸通红、气喘吁吁。在紧张的时刻，例如着陆时，能看见冷空气从天花板的通风口流出，就像戏剧演出中的干冰一样。这吓坏了机舱里的日本乘客，他们以为是着火了，呜咽起来，直到一名"看守"用俄语对他们大喊大叫。此后，他们虽说没有被说服，但至少被吓住了。

炸鸡事件的唯一解脱之法是在莫斯科转机。傍晚时分，我们从丁香油的恶浊空气中走出来，被迫在楼梯上排队，站在20

---

1. 为1992年成立的俄罗斯航空公司的前身。

瓦的灯泡下，就像在城里的妓院一样。乘务员冲向我们中间，一边审视着，一边喊着"卢萨卡[1]"，也可能是在喊"大阪"。日本人和赞比亚人相互推挤着。我们的票被仔细检查，行李也被严格搜查。一个年轻人皱着眉头检查我们的护照，嘴唇翕动一行一行地读着，并坚持要求我们摘掉帽子和眼镜。他测量了我的实际身高，与我护照上所说的数字进行对比。我简直不敢相信这两个数字能匹配。

　　我身后的女孩是位法国人，一直在喋喋不休，渴望讲述她的人生故事。她要去澳大利亚结婚。"我希望到那边后一切都会顺利。"她兴致勃勃地说。她幽默感十足，发现我在被量身高，觉得实在有趣。"他们是在给你量棺材的尺寸吧？"愁眉苦脸的工作人员并不欣赏她的活跃，又把她送到了队伍后面重新排队。我们就像回到了学校一样，事实上整个转机区都让人回想起战后单调乏味的学生时代。一脸严肃的女士们推着剥落的奶油色搪瓷手推车，肉嘟嘟的大脸上写着不满。毫无疑问，她们正像我上小学时那些边分发肉饼边讨论如何分配的"学校晚餐女士"。机场里破旧的厕所也让人想起学校的厕所。

　　身着橄榄绿制服的年轻女性向拿着步枪四处闲逛的士兵们行礼。他们有一种在处理重要国家事务的神情。一种内疚和不安全感似乎侵入了我们这些西方人的内心。我们感到这一切都滑稽可笑，但这是不适当的，就像葬礼上的傻笑一样。也许有

---

1. 卢萨卡，非洲中南部国家赞比亚的首都和最大的城市。

一天，我们会像这些人一样成长为严肃的公民。

所有的商店都关门了，因此我们没法购买俄罗斯套娃和讲述越南集体化的书籍。一些有冒险精神的人发现楼上有一家酒吧，可以从一个忧郁且不找零的人那里购买气泡水。

我们收到一张方形的纸板，上面写着"晚餐九点"，于是找了一个有桌椅的地方坐下来，看起来越发像难民。十点钟，"学校晚餐女士"出现了，她们调整头巾准备行动。但是，不幸的是，她们没有为我们准备肉饼，只为自己准备了丰盛的饭菜，不慌不忙地大口咀嚼，看起来十分满足，在我们羡慕的目光中吃得津津有味。这一次饭菜里没有鸡肉。女士们消失了，接下来听到的是持续很久的收盘子的声音。在飞机起飞前不久，她们推着搪瓷手推车得意扬扬地冲了出去。一个人给了我们每人两片面包、一个番茄和一杯黑咖啡，而另外两个人挥手把我们赶作一团以检查机票。正当我们以为没有别的食物了，我们又得到了一块饼干。

在我们下方，离境门前的空地上，正在进行一场热闹的现场表演。两名旅客，似乎是说着英语，在敲打移民局的玻璃门。他们试着推它、拉它，但他们不知道那是一扇滑动门。

"我们的飞机！"他们喊道，指着停在玻璃窗外面的一架大型飞机——可以看到乘客正在登机。一个身穿粗布制服、身材圆胖的官员盯着窗外，背对着他们，努力不去理会他们的吵闹声。

"是你打电话让我们来机场的，"他们带着哭腔喊道，"我们等飞机都等了一周了！"

最后，这种扰动让他感到难受，他不情愿地将门滑开一英寸，透过门缝，像一个凌晨被敲门声吵醒的户主一样凝视着他们。他们把票推向他，要一个合理的解释。这是一个错误。他接过票，平静地关上并锁上了门，将机票放在办公桌的一端，继续不慌不忙地凝视着飞机。一个乘务员出现在登机梯的顶端，环顾四周，耸了耸肩，又回到了机舱里。

"打电话问问吧，"两名旅客恳求道，"我们的行李还在那架飞机上。"

作为回应，该工作人员灵巧地将机票从门下滑出去，再次转身不理。飞机的舱门关上了，登机梯也被拉走了。旅客开始绝望地敲门。官员开始抽烟。我们看了整整十分钟，飞机终于沉重而缓慢地驶过。那时，两位旅客都在抽泣。

终于通知要登机了，我们伪善地转身离开。看了这出小小的道德剧，谁也不愿意迟到。我们像罗马城门口的异教徒一样，成群结队地围着登机口大声叫嚷。偶尔，玻璃门后面会出现一个乘务员，我们就会向前涌动。然后她会再次消失，让我们陷入愚蠢可笑的困境。

重新起飞没有带来任何轻松的感觉，只有更多的炸鸡。一个傲慢的印度人在飞机上踱步，告诉所有人他是海军上将，乘坐苏航只是出于安全考虑，并非因为节俭。角落里坐着一位经验丰富的旅行者，她对端上来的炸鸡轻蔑地挥了挥手，很有远见地为自己准备了精选的奶酪和一条上好的面包，脚边还放着一瓶酒。她的腿上放着一本厚厚的小说。最离谱的是，她还带了肥皂和卫生纸。我们就像老人院窗户前那些面孔一样，带着毫不掩饰的嫉妒看着她。令人开心的是，当我们快到新加坡时，一个脸色发青的男人从厕所里出来，踢翻了她的酒。

新加坡又称狮城。它目前的标志是鱼尾狮[1]，之所以说目前，是因为新加坡总在不断改进和提高一切。这是一种病态的、忸怩的狮子和鱼的结合，值得迪士尼的青睐。鱼尾狮雕像在海港喷出一股股脏水，目的是让游客拍照留念。

新加坡无疑是自由世界的一部分，但同时也是一个充满控制和秩序的地方。这个城市国家的社会宪章受莱佛士[2]影响颇深，岛上许多地方都以他的名字命名。新加坡的创始人、救世主和仁慈的统治者——李光耀，却没有得到纪念。新加坡是一个共和国，李光耀是它的国王。这里到处保留着英国时期的名字。参观空军基地也是一种乐趣——在名为"斯特朗德"和"牛津街"的道路上，可以见到沉稳的华人军官就坐在名为"Dunroamin"[3]的平房外。新加坡政府认为没有必要抹杀其作为殖民地的历史。和其他一切事物一样，它已经被顺利吸收到国家的文化之中了。

虽然李光耀的名字不是无所不在，但他的人格魅力已经渗透到国家的各个层面。你不得在没有红绿灯的地方过马路（否

---

1. 14 世纪新加坡被称为 Singapura，这个名字来自梵文，意思是"狮城"。鱼尾狮是一种虚构的鱼身狮头动物。半鱼半狮的鱼尾狮是新加坡的标志，坐落于滨海的鱼尾狮公园。
2. 托马斯·斯坦福·莱佛士爵士（Sir Thomas Stamford Bingley Raffles，1781—1826），英国人，把新加坡发展成东印度公司的贸易港埠。
3. 英式英语中通常用来称呼别墅和平房。

则罚款 500 新元），不得随地吐痰（否则罚款 500 新元），不得乱扔垃圾（否则罚款 500 新元）。这个国家相信所有的问题都可以通过制定更多的规章来解决。就像在莫斯科一样，通过用学校做类比，我们得以理解所有的威权制度。当然，不是现代英国学校那种罪恶、暴力和犯罪的滋生地。新加坡的公共空间干净整洁，每一片土地都变成了公园。在庞大得甚至让人感到可怕的公寓楼里，所有的电梯都在工作并一尘不染。令人称奇的是，新加坡人已经对周围的环境习以为常，甚至公用电话也都能使用。这与伦敦肮脏、瘫痪的现状形成了惊人的对比。

总的来说，这是一座市民都在全力谋生的城市。许多人称赞新加坡人的勤劳。这是一种不寻常的产业模式，似乎主要由购物中心里的商人组成，他们身边堆满了主要卖给西方人的日本制造的商品。即使按照英国的标准，售货员的粗鲁也令人震惊，尽管李光耀亲自发起了"微笑"运动。（再次想到了学校——校长在集会上站起来说："我想就学校普遍缺乏快乐的氛围说几句话。"）新加坡人的英文讲得非常好。在这个华人、印度人和马来人混合而成的多语言群体中，有些人似乎根本没有第一语言。

我曾和一个马来家庭住在一座钢筋混凝土的高层建筑中。马来人过去住在古老的木棚屋里，安逸但不卫生，现在它们已经被这些高层楼房取代。根据政策，楼里会有各个种族。一边是印度人，另一边是华人。走廊里充斥着奉献给各路神灵的熏香的气味。不同的语言在楼梯间回响。五个大人和两个孩子挤在三个小房间和一个厨房里，全家却一尘不染。住旅馆？没必要。这里有的是地方——你就是我们家庭中的一员。

马来人热情好客是全方位的。想吃多少就吃多少，唯一的"负担"就是必须吃三顿。

这是我第一次尝试说印尼语——差不多是。马来语和印尼语的关系，与英式英语和美式英语的关系差不多。电视同时接收了新加坡和马来西亚的电视信号。新加坡频道只有好消息，糟糕的事件都属于外国。新加坡人则表现出多民族的和谐。看啊——新的地铁。瞧呀——更多的土地正在从海洋中填海造地而来。在马来西亚频道，一个英俊的人正在展示穆斯林的美德。"你确定这些不是以色列的橙子？"有人在我身后问道。

市内电话是免费的。十分钟后，我去雅加达的机票就订好了，价格是我在伦敦要支付价格的三分之一。我开始觉得自己像个土包子。

安顿下来之后，我们开始观看一部马来西亚情景剧，剧中充斥着这样的剧情：正直的丈夫不在妻子身边，妻子明显给丈夫戴了绿帽子。卧室的门一旦关上，标志着通奸行为的开始。

"听她的笑声。就是那一声。她不是处女。"

"看，她会抽烟。哇！"

遗憾的是，我无法理解其中的任何一个词，但人类学家从小就受过训练，可以忍受枯燥的研讨会、无聊的讨论和演讲。我的耐心终于得到了回报，在可怜的丈夫遭受许多恶行之后，妻子受到王公的谴责。法庭上讲的方言与印尼语非常接近，可以听懂。她的罪行终于被揭露了：她偷了给她继子的大米，然后卖掉大米买了香水。哇！

新加坡的商业中心却令西方人感觉不像是亚洲，这是一个做事的地方，一个类似美国达拉斯的糟糕环境，到处都是石油商人、会计师、律师以及其他种种不体面的职业。有些清高的政府莫名其妙地想要改变西方游客的品味，这似乎很难理解，因为如果去除一些肮脏、不合理之处和所谓的"地方特色"，游客会觉得还不如留在家中。

游客参观的主要场所是武吉士街[1]，这个名字让许多老英国水手听了都心惊胆战。很简单，这条街因其异装卖淫者而闻名。异装是东方的一大有名产物，往往是一个非常严肃的问题，有时还涉及宗教问题。

不过，在武吉士街，大家纯粹是为了休息和娱乐。这条街上"令人发指的暴露狂"让政府十分震惊。政府一直担心这条街的国际形象，因此决定关闭它。报纸上对此进行了大量报道。

"这条街在哪里？"我问住家的儿子们，他们都是一群二十多岁的年轻人，"去那里好玩吗？"

他们低声交谈："我们不知道它在哪里。我们从来没有去过那儿。"

"你们有地图吗？"

"我们没有地图。但我会找个朋友问问。"

---

1. 武吉士街，拥有繁华购物中心的购物街，在 1950—1980 年代因为聚集大量变性人而闻名。

他们拖着长长的电话线进卧室并拨通了电话。他们打了三个电话，最后脸红地走了出来。

"我的朋友都不知道。"

"你有华人朋友吗？"

"我试一试。"

十分钟后，我们各怀鬼胎，偷笑着上路了，此前已经向住家父亲解释说要去看看海港的灯光。当我们终于找到武吉士街时，看到的却是一条黑暗狭窄的街道，街道上的建筑物已经老旧得等着被拆除。尽管很窄，但柏油碎石路面上已经摆放好了桌椅，上百个摊位的厨师在星空下烹饪着各种各样的食物。成群结队的游客四处游荡，在寻找目睹丑行带来的刺激。没有找到其他感官的享受，游客在失望中开始进食。我买了在所经之处喝过的最贵的三种饮料。一个五六岁的小女孩从一张桌子走到另一张桌子，向游客挑战用一美元赌注玩画圈打叉游戏[1]。她玩得很好。看起来非常整洁的马来人警察在到处巡逻，眉头紧皱。

"为什么这里的警察都是马来人？"

男孩们笑了："除了高级官员，所有警察都是马来人。华人不喜欢马来人开飞机或开大炮，所以当我们服兵役时，他们就把我们安排到警察队伍。"

游客们显然觉得很无聊。一群英国人发现了一只流浪猫，准备用花大价钱买来的鱼喂它。一个美国人突然喊道："快，米

---

1. 两个人在九宫格内轮流画圈和叉，谁先把三个圈或叉连成一线即取胜。

丽亚姆。这儿有一个！"原来是一个孤独的异装者穿着紧身皮裙，噘着嘴，在桌子间转来转去。米丽亚姆看起来是位保守老妇人，她意志坚定，勇敢地穿过人群，用她的摄影机来回扫描着这名"女孩"。各种欧洲语言的喊叫伴随着到处抓拍的咔嗒声。异装者极力凸显自己的特征，吐着舌头翘着臀，踩着高跟鞋摇摇晃晃地走了。

怀疑接踵而至。这显然是一个街头流浪者，但性别仍未得到证实。

"应该就是个老妓女。"米丽亚姆说。

这本来会是一个相当乏味的夜晚，我的朋友们失望地发现，邪恶并不一定令人愉快，但这个夜晚被一个看起来非常干瘪的服务员拯救了。

"你要点其他饮料吗？"

"不，谢谢。价格太贵了。"

"喂，你想要下流的照片吗？"

"什么？"

"下流的照片。你想要吗？"一时之间，它唤起了日不落帝国军队的热情和余晖，面带稚气的英国士兵乘蒸汽船前往东方的奇观。等待他们的将是肚皮舞者，或者斜眼美女的照片，身上戴着大量银饰，个个丰满性感。服务生将一个藏在手里的塑料文件夹放在桌子上，文件夹里放着带编号的照片。

东方男人毛发并不旺盛，但不知怎么他们发现了如白种人般体毛放荡不羁的群体。照片上的腿就像马桶刷一样，由于穿着女士泳装，所以显得格外突出。许多人拿着羽毛，傻笑着。他们身上有一些非常悲哀而又有点滑稽的东西，很像我们祖父母时代的画像。就好像他们拼命想要恶作剧，但又不知道怎么去做。

另一支警察巡逻队经过，两名马来人警察挥舞着警棍。他们死死地盯着我的两个马来人同伴，目光从我们面前的册子上滑过。他们摇摇头，继续往前走。同伴们看起来像是遭受了某种惩罚，极其羞愧。我再次做了一个坏公民。是时候走了。当我们离开时，米丽亚姆伸手拦住：

"如果你看完了那些照片，亲爱的，我也想看一看。"

第二章　双城记

机场（的环境）极具欺骗性，却常常不可避免地构成我们对世界其他地方的第一印象。旅行手册里充满了有意的误导——不过人们对此喜闻乐见。我们可以不理会手册里那些像甜点一样诱人的图片，机场却是确实存在的，能带来粗糙而真实的体验。

新加坡机场一直以功能齐全、效率高、规划合理而著称。看起来好像有人事先就演算好了一切，算出要花多少钱并且按时付款。

位于伦敦的希思罗机场[1]却一片混乱，像一艘自命不凡、缓慢而笨重的船——一艘在海上却不断重建的船。工作人员都没有礼貌，为拥有一点小权力而窃喜。多年来我一直不能忘却的场景，是一位认真的中国学生被一个移民官员找碴儿，这个官员用米德尔塞克斯[2]口音说出的要求令人难以理解。

印尼雅加达的新机场表面上看起来很吸引人，就像一座向世界开放的传统建筑。整体效果却像患有巨人症的必胜客。士

---

1. 位于伦敦中心区以西 23 千米的国际机场。
2. 米德尔塞克斯，原英格兰东南部一郡，后大部分划入大伦敦地区。

兵们穿着不雅的紧身制服，站在周围无所事事，似乎手都没有地方放。如果你与他们目光相对，他们会红着脸玩弄靴子。我们被引导至两个通道，一个给有签证的人，一个给没有签证的人，而我并没有签证。工作人员用印尼语一一盘问为什么没有签证。事实上，经过一些象征性的等待，每个人都会被允许入境。

"为什么没有签证？"

"因为在印尼驻伦敦大使馆，他们说我不需要签证。"这是我在印度尼西亚用印尼语说的第一句话。会起作用吗？在外人看来，说一种新的语言总是像编一本难以置信的小说。官员顿了顿，皱了皱眉，然后咧嘴大笑。

"非常好。"他说道，慈父般地拍了拍我的手臂。那一刻，我知道我在印度尼西亚会一切顺利的。

出海关后，外面是喧闹的世界，疲惫不堪的人们习惯性地在愤怒中讨价还价。一位身材矮胖的男人走近我，他的一只眼睛有疤痕，长发油腻，衣服很脏，像一个海盗。事实上，他非常乐于助人。我们开始对出租车费讨价还价。他对我在西非这所严酷的学校获得的还价技巧感到震惊。

我不是和你一样的人吗？难道我的孩子不用吃饭吗？你为什么要问这么多来侮辱我，等等。

"哦，好吧，"他说，"正常票价是一万四千。"

他把我带到一辆破旧的小面包车前，它局促地停在长长的豪华轿车中间。另一个相貌可疑的大个子钻了进来。如果是在西非，我肯定会对此感到非常不高兴。局面将是二对一。车可能会停在一个空旷的地方。或许一把刀在黑暗中被拔出。像往常一样，我犹豫不决，因为语言不够流利而气馁。一个人很难同时做到既坚定又语无伦次。为时已晚，我们出发了。

我的同伴用听起来很神秘的辅音和咕噜咕噜的元音与司机交谈，我根本无法理解。这一定是雅加达的方言巴达维[1]。我们很有风度地互相自我介绍，交换了丁香味的香烟，大家都是满脸笑容。我学会了"火柴"这个词。司机随后开始了我无法跟上的长篇大论，我再次哑口无言，假装明白地点点头。有一个词一次又一次地出现：cewek。它似乎总是与不幸联系在一起。它是什么意思？是政府、油价，还是宗教信仰的一些形而上学术语？最后，看起来我需要做出一些评论。

"'cewek'是什么意思？"我感觉到自己的语气在颤抖，就像一位法官在询问爵士乐的定义。他俩都转过身来盯着我看。

"cewek？"他们双手平放在胸前，仿佛抓着西瓜，在空中勾勒出蜿蜒的曲线。啊，可能是表示女性的俚语吧。我不知道我应和了什么。

我们在黑暗中飞速前进。硬纸板做的凯旋门矗立在路边，上面的铭文宣告了四十年来的自由。[2]夜空中的光芒表明这是座城市，蔓延着由人类粪便、木柴烟和提纯不佳的汽油燃烧混合而成的浓郁气味。火光在黑暗中闪烁，铁路货运车、烧毁的卡

---

1. 原书此处为 Batawi，应该是作者将正确的 Betawi 误拼写了。
2. 1945 年日本投降后，印度尼西亚八月革命爆发，1945 年 8 月 17 日，苏加诺、哈达宣布印度尼西亚独立，标志着印尼革命的开始。1950 年，印尼成为一个统一的共和国。

车、在垃圾堆中拾拣的模模糊糊的人影、奇怪的荒凉棚屋……你经常来印度尼西亚吗？不，这是我第一次来。那么，你是从哪里学会印尼语的呢？伦敦。在伦敦可以学习吗？啊，那很好。是的。英国女人会喜欢印尼男人吗？她们会爱他们的。但印尼男人是不是太矮了？浓缩的都是精华。哇！确实如此。他们咧嘴笑了。都是关于女人的话题。我要去哪里？不，不，明天吧。我累了。只要一个酒店，不要太贵的。

他们毫不掩饰，抽了更多的香烟。通常我不吸烟，但这是一种与人打交道的有效方式。我们在一家小旅馆前停了下来，他们叫嚷着进行交流。住满了，去街角试试，那里也满员了，再找个新地方。我们在一栋不起眼的建筑前停了下来，光秃秃的灯泡闪闪发光。它很便宜。一切看起来都是光秃秃的，但很干净。我们爬了几层楼，出租车司机也来了。我们爬上梯子，来到屋顶。这是一个小木屋，有一张硬板床、一个风扇。这就够了。出租车司机绽开了笑容。看，他们把我带到了一个好地方。又是更多的香烟，握手。

这家酒店由来自万鸦老[1]的学生经营，他们是长得像华人的基督徒，与业主有着紧密但不明确的亲属关系。对某些人来说，就像在西方一样，"学生"这个词是对放荡、游手好闲的人的委婉说法。但对皮特来说不是。

我还未进门，他就来找我了。我犯了一个错误，在登记时

---

1. 印度尼西亚北苏拉威西省首府。

将职业描述为教师。

"我是一名学生。"他自豪地说道。

"什么专业？"

"哲学。"在印度尼西亚，哲学是一门厚重的学科，"我读过亚里士多德、萨特和约翰·斯图亚特·密尔。我想和你讨论我的毕业论文，名为《后存在主义世界中的人类困境》。"

"呃。也许我应该先吃饭。我去哪儿比较好呢？"

我被带到另一个地方，那里的年轻人在一个改装过的车库里煮面条，同时轮流使用一台打字机。

"请原谅。我们是新闻专业的学生，但只有一台打字机。"

他们在爪哇的酷暑中打字、炒菜和喋喋不休，他们使用母语——婆罗洲的方言。他们能听懂我，但我听不懂他们。最后，他们用印尼语把要说的话打出来给我看。

这是我在新加坡之后看到的又一个令我惊叹的地方，温暖且有人情味。中产阶级和穷苦之家紧挨着，马路旁的小巷展示的不是城市生活，而是村庄。大人们无情地擦洗孩子、准备食物，勉强维持生活。人们向陌生人挥手微笑，尽管陌生人并不少见。大人们恐吓要把孩子交给陌生人，嘲笑被吓哭的孩子。无论白天黑夜，都有一排排赤身裸体的孩子在公共浴室前排队。一块牌子向一个没人相信它的世界宣告："生两个孩子就够了。"卖食品的人四处游荡，一个疯女人在街上跑来跑去做鬼脸。

在路的两边是敞开的下水道，被垃圾堵住了。下雨时脏水四溢，好在几个月都没有下雨了。孩子们在下水道里划船。有个人来钓青蛙吃。黑暗中,我的脚突然扎进了一边的下水道中。新闻专业的学生们吓坏了,他们把肥皂塞到我手里,咕哝着安慰我的话。

"你离开时,我们送你回家,否则异装者可能找上你。他们非常强壮,专门在酒店外面等美国富人。"

但回到酒店,等待我的只有皮特。他向我挥舞着复印的文章。"拜托,我跟爱因斯坦相处有困难。"他说得爱因斯坦好像是个顽固的孩子。

"这是用英文写的一句话:'空间是无限的,但并非没有边界。'这是什么意思?"

我们为此纠结了半个小时。直到这时,他才透露他的床底下有一本字典,和冰箱、电话还有其他贵重的东西放在一起。床的上面是他轮流拼床打滚的表兄弟们,像哈罗德百货促销的套头衫一样纠缠在一起。他们若无其事地进来,睡觉,又若无其事地出去,随时都会挠着痒出现。在皮特的监视下,我没从他们嘴里听到过"cewek"这个字眼。

"如果我叔叔看到这里有女人,他会把我们都赶到街上。就这样。但他是一个好人。"

"是的,我能理解。"

天气闷热,死气沉沉。屋顶上吹来一阵微风,蚊子在窗户上开始嗡嗡叫。是时候睡觉了。

凌晨四点半,突然有人在我耳边大喊大叫,我被吵醒了。

火灾？不。有人兴奋地宣布现在是印尼西部时间四点三十分[1]。他们好像在使用扩音器。

我透过窗户睡眼惺忪地往外看。在一百英尺外，一座清真寺的尖塔高高耸立。两个扩音器的喇叭正对着我这边，气势汹汹叫人害怕。随着一阵响亮的噼啪声，一位宣礼员的讲话充斥了整个天空，然后是另一位。到了五点开始认真祷告的时候，我成了五个清真寺扩音器的焦点，每个扩音器都在大声喊出信息的不同部分，好像将我专门圈出特别需要救赎一样。整个小屋都因他们的虔诚而颤抖。在祷告结束时，声音通常会平息下来，但今天是星期五，无线电波开始传递关于服从父母和圣言的严肃信息。

从屋顶上可以看到，整个街区的人就像空袭中的伦敦市民一样坚定地做着自己的事情。街对面，一家制作衬衫的血汗工厂经理挥手示意他的"兔子"——这是一种推测。他的孩子们已经跑远，到外面猎鸽子、踢足球。只有一个，看起来像一只被剥了皮的兔子，留着狰狞的发型，被父亲拖着去清真寺。他对我咧嘴笑了笑。

"你为什么不来？"

"明天吧。"

---

1. 作为千岛之国的印尼，实际上横跨 4 个时区，从最西部的亚齐（东六区）到最东部的巴布亚（东九区）。但是印尼政府只承认 3 个时区，即印尼西部时间（东七区时间）、印尼中部时间（东八区时间）和印尼东部时间（东九区时间）。

卖沙茶酱烤肉的男人，像连环杀手一样津津有味地磨着刀。普通百姓艰难求生。

身后传来礼貌的咳嗽声。是皮特，刚洗完澡后的他湿漉漉的，手里却抓着一本大书。他是基督徒，不会去清真寺。

"所有场所要几个小时后才能开放，"他说，"我们可以坐下来一起读我的论文。"

至少过了一个小时，我觉得自己表现出了足够的专注。这是一部渊博的作品，却被注重细枝末节的、学术性分类的大手所拖累。我不知道该说什么。

"非常缜密。"

皮特很高兴。

"别担心。我们以后有足够的时间继续讨论。这一版还没有包含附加内容。"

在楼梯的底部，他张贴了一份新的规定清单，不再允许将上膛的步枪带进卧室。他还竭力禁止女人进入，除非出示婚姻证明。然而，在这个令人头疼的领域里，含糊的英语术语让他无所适从。上面写着："禁止女性进入，除非经由她们的丈夫。"

今天是参观博物馆、与学术界接触的一天。晚上，我将搭乘前往爪哇东端泗水[1]的通宵巴士，在那里乘船前往苏拉威西岛。

我见过的每个人都谈到雅加达的狡猾扒手。印尼人对他们偷东西的技巧有种反常的自豪，英国人对足球流氓的下流和火

---

1. 泗水，印尼东爪哇省首府，位于爪哇岛东北岸，印尼第二大城市。

车大盗的大胆[1]也是同样的感觉。因为不断收到警告，我购买了一种奇怪的腰带，足以装下所有现金和证件。第一次穿上它，我热得大汗淋漓，肚子显得硕大无比。

这一天都在漫长的长途旅行中度过，公共汽车、出租车、步行、由割草机发动机驱动的三轮车轮番上阵。在所有官方场合，我都受到了极大的尊重，并被要求在访客簿上签名。然而，如果我要求见任何具体的人，那他要么是没到，要么已经离开，要么正在开会。不过，他们很快就会回来——但不确定。有人非常坚定地报告说，一位我要联系的女士刚刚离开了办公室。后来我发现她在澳大利亚已经两年了。我改变了策略，尝试在我到达之前就打电话。此时此刻，我该羡慕那些发出咔嗒声、嗡嗡声，每次都能让你接通对方的新加坡电话了。我加入一个电话亭外的队列，亭子里坐着一个腰身肥大的男人，正与人闲聊，这是上班族的典型作风。太阳火辣辣的。一名警察从附近的办公室里出来，对我咧嘴一笑。我也笑了笑，用滑稽的夸张方式擦了擦额头。他对着电话亭里的男人点了点头，做了个手势。我也点了点头。他招呼我过去。

"用我的手机。"他邀请道。

我打了几个电话后提出要付他话费，但被他挥手拒绝了。

"很高兴见到你。欢迎来到雅加达。"

用外语通话是一项艰巨的任务。对语言的不理解，使本就

---

1. 英国火车大劫案，1963 年，一辆由格拉斯哥开往伦敦的邮政列车被劫，劫犯抢走 260 万英镑，曾轰动一时。

岌岌可危的交流过程愈发困难。如果人们窃窃私语或大喊大叫，有滑稽的口音或语速很快，如果他们咳嗽或有卡车经过，整个交流的大厦就会坍塌。打电话有特殊的习俗。在世界各地，人们几乎都用"哈啰"或他们的语音系统中类似的问候词开始一次通话。然而，通常这个词不是英语中的问候语，而只是一种呼叫信号，你必须立即正确地回以问候，否则会被认为粗鲁无礼。当电话在英格兰还是让人费解的新鲜事物时，电话礼仪刚处于成形阶段，接电话究竟应该以"哈啰"还是"喂"开头，人们意见不一。现在是说"哈啰"居多。但是，当通话进行到一半时，我突然意识到，不知道当地结束通话的惯例是什么，这令我很不安。你是否应该说"希望再次收到你的回音"？当你们从未真正见过面时，你是否应该在最后高兴地说"直到我们再次见面"？我的第一次通话无限拉长，远超常规通话时间。最终，我学会了"再见""结束"这两个词。

如何称呼人令人头痛。为了让自己与广播时代保持一致，印尼人不得不发明一个新词"你"，一劳永逸地解决所有有关年龄、地位和尊重的问题，这些问题决定了如何称呼你现实中看到的每个人。然而，当我在通话中尝试使用这个词时，每个人都嘲笑我。

是时候整理我的巴士票了。皮特从一堆杂物中，翻出两个表兄弟的东西，并责成他们确保我顺利通行。新的通知宣布客房价格上涨。

"不过，不适用于你，"皮特说，"你是朋友。"

印尼人的众多优点之一，反而是他们无法处理抽象、正式的关系。除了去酒店，你几乎不可避免地会在家里用餐，谈论你遇到的各种麻烦。一周后，你就成了这个家庭中的一员，他们关心的就是你所关心的事。印尼的传统文化中基本没有姓氏存在，常常是直呼其名，这也是避免说"你/我"的方式之一。与一个你不知道名字的人交谈甚至会很尴尬，因为在与皮特交谈时，你往往不会说"你今天忙吗？"，而是说"皮特今天忙吗？"，这种人际交流方式可以让人们很快浸入情感的暖流中。

在异国他乡，一个人会迅速退回到童年时期的依赖状态。在无人帮助的情况下无法过马路，这真是一种耻辱。但我就是做不到独自过马路。问题不在于通常情况下那种从左侧行驶到右侧行驶的习惯转换（印度尼西亚人靠左行驶），而是过马路的技巧完全不同。在英格兰，你会等待一个间隙，然后简单地穿过。在雅加达，没有这样的间隙。你与疾驰而来的司机互相妥协，他们减速到足以让你冲过去，然后司机会立即加速。你知道哪些车会让你通过，哪些不会——至少当地人知道怎样判断。对外国人来说，过马路就是急刹车的声音，间不容发、混乱不堪。皮特的两个表兄弟冷静地带着我穿过市中心，好像根本没有交通堵塞一样，还一边指着路上好玩的东西。

"在这里你可以买到冰激凌，但吃了会生病。所有雕像都是由印尼独立的元勋苏加诺竖立的。我们给它们起了不雅的名字。这里有一家百货公司。"

我们进入了一个顶部覆盖着防水油布的矮墩墩的塔楼，它看起来就像是送给某个孩子的巨大的礼物，孩子在打开包装的过程中就对它失去了兴趣。雇佣的工作人员几乎全是穿着干净制服的学生。货架上陈列的货物尽可能多地摊满所有空间。学生们急切地扑向寥寥无几的顾客，精心包好所有东西，甚至包括铅笔。购买任何东西都至少要经过三个不同的步骤。这让我想起了什么？没错，苏联！

表兄弟们都惊呆了："你怎么知道？这座百货大楼是苏联人为我们建造的。"

我们继续前行，来到一间一尘不染的办公室，从一位精明麻利的女士那里买了一张公共汽车票。办公室毗邻一条被垃圾和污水堵塞的运河。我们不得不跨过一只死猫才进入办公室。

表兄弟们牵着我的手穿过马路，把我送了回去。我看过印尼产品展会吗？不，听起来不妙。然后，他们决定带我去。

我们徒步穿过一路的尘土和尾气，来到一个巨大的公园。经过电话亭旁边的警察局时，一名警察向我们挥手致意。表兄弟们都肃然起敬。

"他认识你吗？为什么他朝你打招呼？"

展会的目的是让人们意识到有很多好东西是在印度尼西亚制造的，这样就没有必要进口了。对于英国人来说，所有产品有一种相当枯燥、熟悉的"购买英国货"的味道。四周的摊位上陈列着各种鞋子、电饭锅、家具、丁香香烟。一个标明了"印尼传统文化"的走廊，展示着来自伊里安查亚[1]的丑陋的现代雕刻品。然而，人们从中获得的乐趣，比预期的要多，比起类似的、假正经的西式活动还要有趣。人们津津有味地品尝着食物和饮料。一场流行音乐节正如火如荼地进行着，麦克风出现故障反倒让人们更加欢乐。天真的孩子们在大木托盘上被拖拉机拖来拖去。显然，印尼人做得很好，一个关于建筑和开发的幻想世界在有机玻璃下绽放。

　　街上，年轻人推销着用纸板和金属丝制成的加鲁达[2]的帽子，上面贴着紫色和绿色的羽毛。我选了一种朴素的样式，这些羽毛让我想起武吉士街。帽子的艺术效果相当惊人——一对金、红两色的翅膀在佩戴者的额头上展开，中央竖起像鹰一样的猛禽的鸟头，喙张开着，准备杀死蛇和其他不好的动物。一位戴着类似头饰的可敬的印尼绅士冲上来挑战我，模拟斗鸡。真是可笑又有趣！

　　离开时，我们被一个非常漂亮的孩子搭讪。他有着天使般令人爱怜的棕色眼睛和刺猬般的头发。他露出完美的牙齿，指着我的帽子。

　　"把那顶帽子给我？"真是很难拒绝他。但这顶帽子是我为皮特准备的。孩子又说道："给我钱。"顿时，我就不再心软了。表兄弟们发出嘘声。

---

1. 旧称伊里安查亚省，即今天的巴布亚省。位于西新几内亚，包括大部分的西新几内亚和周边小岛，是印度尼西亚最东边的省份。
2. 外貌似鹰，来源于印度教的神话动物。

"这是我的帽子，"我坚定地说，"是给朋友买的。"让人心软的眼睛变成了石榴石。孩子皱着眉头，定了定神，用流畅的英语说："老猪先生。"然后就跑开了，顺带做了一个表兄弟们拒绝解释的手势。

很难把漂亮的人想得太坏，而且许多印尼人确实很漂亮。我在印尼一开始遇到的问题与在非洲正好相反。去非洲的人们必须克服一开始的刻板印象，因为当地文化从很多要素看是不友善的。评估一个人民族志的质量，可以通过他设法克服价值判断的程度，这种价值判断又被称为"文化偏见"。迄今为止，印尼呈现出一张张如此美丽、如此热情友好的面孔，以至于很难看清这些表象背后存在的瑕疵。与西非人交谈始终是一件难事，自始至终，你都意识到自己在为互相理解而努力，努力在两个世界之间架起一座桥梁。然而，印尼人似乎"只是普通人"。语言上的理解却比想象中的程度要低，因此无法进行审视——这是一种危险的情况。

有一些令人尴尬的事件，即便多年以后，当你乘坐电梯时，走在大街上或者试图入睡时，它仍会突然出现在脑海中，让你畏缩甚至大声呻吟。我在雅加达就遭遇了类似事件。

在大巴发车之前，我算了下，发现刚好有时间去剧院。印尼的电视节目都非常糟糕，可能是世界上最烂的。这样的好处之一是传统戏剧仍在蓬勃发展。在爪哇的许多城镇，传统的木偶戏、音乐和舞蹈仍然吸引着大量观众。我听说过一个印尼哇扬戏[1]的巡回演出团，哇扬戏是一种基于木偶剧的戏剧表演，以古老的印度史诗为基础，但也有真人演员扮演的角色。皮特劝我去看。

"这剧特别吸引人。最有趣的是里面的女人，都是男人扮演的。你根本看不出来。"

我拿着行李去现场，打算看完后直接上大巴。其中一位演员非常友好，邀请我去后台看其他人化妆。他们愉快地挥手致意，笑着将苍白的面霜拍打在彼此身上。角落里是扮演女性角色的演员，正在仔细地画着自己的脸。皮影戏对演员身体要求极高，演员要模仿木偶僵硬、不自然的动作。有些人在倒立，有些人像运动员一样调整身体机能。一个小型管弦乐队叮当作响，将我挤向一侧。出于礼貌，我称赞了一位扮演女性的演员的模仿能力。在全部都是男性的更衣室里，我放心地说，这乳房是多么逼真，令人信服。

房间里一片寂静。这位演员脸涨得通红。

"那个，"一个男人轻声说，"你在和我妻子说话。"我结结巴巴地找个借口逃到舞台的另一边，发誓下次见到皮特时要掐死他。我感觉糟透了，成了最糟糕的那种粗鲁、笨拙的西方人。我无法专心看戏，离开的时候终于松了一口气。

公共汽车装有空调和有色玻璃。车窗外，表兄弟们含泪向我挥手。他们是来送我的。我旁边坐着一位法国人，是一位严

---

1. 印度尼西亚的一种木偶戏或真人舞蹈表演，流行于爪哇岛和巴厘岛等地。

厉的苦行者，他相信理性，相信自我否定会带来灾难。他是来写一篇关于印尼诊所的论文的。这个人很无趣。

玻璃挡住了窗外景物鲜艳的色彩，将其转变为英格兰冬日的阴霾灰暗。寒冷的空气强化了这种错觉，似乎窗外应该是雨中滑溜溜的欧洲高速公路，而不是香蕉摊和尘土。

上车时我们收到一个小盒子，里面装着调味牛奶和一个满是粉红色、黄色和绿色的鲜艳蛋糕。法国人拒绝了。

"这些颜色看着肯定有毒。"

座位是以亚洲人的腿长设计的，两个西方人很难坐得下去。

以前，人类学家几乎用生育习俗解释一切，从 1917 年俄国革命到离婚率，无所不包。当然，比起英国，这种解释一切的风格在美国更受欢迎，在英国则被视为典型的美国化的、无用的小聪明。在我还是学生的时候，我曾被鼓励去嘲笑襁褓诱发的愤怒，或严格的如厕训练而导致的不安全感。不知何故，人们觉得印度尼西亚人阅读过这些观点，并深以为然。

从很小的时候开始，大人就会拿一个沉重的、毫无生气的圆柱形枕头来安抚小孩，这种枕头被称为"竹夫人"[1]。如果孩子暴躁易怒，父母就让孩子将身体放松地搭在这样的枕头上，鼓励孩子抱着它直到入睡。尤其是年轻男人，在结婚前他们应该依偎在这样贞洁的床伴边。可能正是因为这个，配偶可以替代枕头，紧挨着睡在一起。没有东西可以拥抱的印尼人，就像烟

---

1. 热带国家居民床上用以搁脚的长枕头。

斗客嘴里什么都没有，焦躁不安、心不在焉。在街上，可以看到人们讲话时总喜欢靠着路灯杆、砖墙的角、汽车挡泥板。他们肯定是需要拥抱的。

公共汽车一开动，乘客们就开始相互倚靠睡做一团，像一帮表兄弟，或者一篮小狗一样，他们把腿绕在一起，把头靠在彼此的胸膛上。一群陌生人为了能睡好，像是在协商能否拥抱在一起。法国人和我冷漠地分开坐着，小心翼翼，生怕我们的膝盖相碰。

无论如何努力也睡不着。司机猛地发车，车牢牢占据路中央，又在盲区超车，迫使迎面而来的车辆驶离道路。偶尔，他会遇到一个志同道合的人——一位迎面而来的卡车司机也采取了类似的策略。他们以惊险的速度冲向对方，直到最后一刻，才在狂野而眩晕的转弯中，认识到他们是多么雷同。

电视屏幕上播放着本地制作的电影。车上观众很喜欢，还有认证标志说明这电影适合观看。我看了感觉极其痛苦，让我回忆起此前发生的那件令我尴尬不已的事。

这是一个奇奇怪怪的喜剧故事，讲述了一个家族的命运，这个家族德高望重的首领庇护着众多能力低下的仆人、一群适婚的实习护士，以及一个异装拳击手兼女仆。情节围绕其中一名女仆意外怀孕展开，继而发生的问题是，由于语言上的混乱，大家认为异装者怀孕了。

车停了下来，好让大家吃点东西。乘客们从人堆里抽身下车，食物简单但还算健康，最迫切需要的是厕所。这辆公共汽车配备了卫生设施，但被堆在过道上的每人至少五个行李箱挡住了。想要走进厕所，就要所有人帮忙才行。

对于西方人来说，在公共场所方便是一件复杂的事，尽管只涉及简单的设备——一个中央的孔，两侧的防滑垫。和在苏联一样，这里没有卫生纸，但不同的是用水很方便。这种设计对穿裤子的人不太友好。如我所料，印尼人应付得很好，但西方人一出厕所，看起来好像遇到了一个泼水的恶作剧。男性在公共厕所小便同样不方便，需要端庄得体和注意清洁的技术细节。只能用左手如厕，用右手捧水清洗。我注意到，法国人上完厕所后，厕所看起来像被水浇了一样，心中不由得窃喜。

乘客们爬回车上，再次相互倚靠。法国人和我恢复了士兵般的坐姿。在一片漆黑中，我们穿过了世界上最美丽的风景。

根据词典，旅行（travel）在词源上与古法语（travail）有关，意为"悲伤""艰难"。正是在泗水，语言重新发挥了它描述现实的作用。我曾把我的旅行想象成一件简单的事情，无非是先乘坐公共汽车再坐船，然后驶向冉冉升起的太阳。事实却并非如此。

司机出发晚了一个小时，却提前一个小时到达泗水。下车时间是幽暗的拂晓，空气中生出几分寒意，预示着将是炎热的一天。大巴车站的那个人很热情。去市区还为时过早，我可以把行李先寄存在这里。他问我要不要洗澡，直到后来我才发现他隐含的善意——城里发生了旱灾，公共供水已中断，水必须从有水车的商人那里高价购买。如果早先我知道这些，就不会将他水箱里的水那么挥霍浪费了。这是通常的布置，在水泥房里放一罐水，你只需把它倒在头上。收音机里传来一段布道，我听出了"贪婪"和"欲望"这两个词。我还没有学会其他表示恶习的词。

像往常一样，一个印尼人很乐意承担照顾我的责任。他是一个看起来有些憔悴的苦行者，说话低声如耳语。也许你想让我带你去教堂？也许你想吃饭？说完，他就沉默了，想从他嘴里套出话来是不可能的。我们在越来越压抑的沉默中吃着饭。他拒绝了我所有的付款请求，并自豪地抽出一些他放在桌子上的文件。它们是描述英国塑料灯开关的小册子。革命期间，他几乎被训练成一名工程师，但当时政治活动太多，资金非常匮乏。之后，英国军队来了，摧毁了这座城市，他却成了一名电工。日本开关比英国的便宜，但英国的质量更好。大坝决堤了，话语不断从他嘴里迸发出来，滔滔不绝——一个工匠在谈论他一生从事的行业，说得很自豪，很投入。他告诉我家庭布线的大量细节问题，作为回报，他希望听到神奇的"中央供暖"是怎么回事。我好不容易脱身。他追着我到街上——请问，英国的电线是什么颜色的？三脚插头和两脚插头，哪个更好？我坐上三轮车，车夫快速踩下踏板把我带离了现场。高温下，汗水开始在我抖动的啤酒肚周围流淌。他站在马路上，挥舞着他的小册子向我告别。

当我准备搭公交车去港口时，我遇到另一个男人，是一个看起来像深色美拉尼西亚人[1]的安汶人[2]——头发卷曲，鼻子肉乎乎的，像爱尔兰人的一样；我立即把他当成"安汶大叔"，开始觉得自己像接力比赛中的接力棒。港口？不怎么样，一个全是小偷的地方。我最好和他一起去。

航运办公室是迄今为止我感到最接近非洲的地方，里面挤满了被警察赶来的贼眉鼠眼的人物。但这里的警察我是第一次见到，他们身材魁梧、面无表情，腰里别着长长的警棍，嘴抿得紧紧的，头上戴着印有军队标志的钢盔。他们向索要证件的人猛扑过去。我第一次感受到恐惧，那种弥漫在非洲政府办公室周围的强烈气氛。

安汶大叔冷漠地看着他们，吐了口唾沫："真正的军队都很好。但是这些人……"

所有售票处都关门了，完全无视张贴出来的办公时间。一名警察用警棍敲打着柜台，示意我过去。他要求我解释来意并出示护照。然而，突然间我并没有像想象中那样感到被骚扰，而是发现他想帮助我。非常尴尬的是，我被人领着穿过侧门到了一个签发船票的人的办公室。几分钟后，我羞怯地拿着一张有效的船票重新出现在人群中，但坏消息是四天之内都没有船到苏拉威西岛。安汶大叔再次出现在我身边。"将一千卢比交到中士手中是正常的。他们的收入不足以维持生计。"

---

1. 太平洋西南部美拉尼西亚群岛的居民，包括所罗门人、瓦努阿图人、新喀里多尼亚人、斐济人以及巴布亚人等，共约 140 万人（2000 年），皮肤黝黑，头发卷曲，阔脸宽鼻，颌部突出。
2. 安汶，是位于印度尼西亚安汶岛上的港口城市。

我在手里折了一张纸币。

"非常感谢你。"我说。中士的嘴角出现短暂的闪烁，那张纸币以鱼儿入水的速度和优雅的姿态消失了。

"不客气。"

我转身感谢安汶大叔，但他不会轻易被甩开。

"等你找到一家合适的旅馆，我才会离开。你是基督徒同胞。"

在一个基督教被视为严肃的宗教，而不仅仅是无神论的委婉说法的国家，听到这句话让人有点震惊。

安汶大叔透露他年轻时曾是一名水手，他和现场的老水手攀谈了一会儿。一家酒店？干净的？不要太贵？很快，我们就回到镇上，寻找一家名为"竹斋"的酒店——一个好听的东方名字，看出来是将酒店和语言学校结合在了一起——可能是那些付不起房费的人，通过教授不规则动词抵账。这在任何时候都比洗碗要好。

那是地狱的景象。炎热、肮脏，到处都是蟑螂，它们相信自己拥有居住权，以至于坐在墙壁上，对路人嗤之以鼻。

安汶大叔挥手示意我们离开，我们开始了对酒店的新一轮考察，价格都太过昂贵。任何一个我都不想住，但我知道我不会被抛弃在路上。他提供了一个解决方案，主动提出在他的住处附近有个可以落脚的地方。不可否认它离市中心有点远，在海滩上，但简单干净。唯一的伙伴是个普通的渔民，听起来很棒。我们坐上一辆像卡车一样的巴士后座，在一团蓝色的烟雾中匆匆离开。

乘客一个接一个下车，随后上来一些抱着鱼篓的无牙老太婆和害羞地咯咯笑的学童。房屋逐渐消失，眼前是稻田和一望无际的沙地。突然间，看不到其他汽车了，只有年轻男人驾驶的摩托车——每辆摩托车的后座上都坐着一个女孩。他们经过我们身边时挥手致意，咧嘴微笑。和往常一样，我开始幻想我想要的酒店，一个高雅而又简洁的地方，我站在沙滩上，海浪拍打着金色的沙滩，有简单的食物供应。

这家酒店是印尼的迪士尼乐园，一个色彩艳丽的巨大建筑，包含射击场、旋转木马，还有巨大的褪了色的米老鼠和唐老鸭石膏像。你可以买到冰激凌和爆米花。其中一家旅馆，是由一连串闷热的箱子搭建的，多半是为风流事设计的。我可能是唯一租了一整天房间的人。但是安汶大叔和我都知道彼此承担的责任和感激之情是如此沉重，我会在这里过夜。凑巧，我感到眼睛后面开始发热，只能不惜一切代价上床休息。我们就此分开，含糊地承诺会再次见面。房间里一台老式空调散发着怪味，还在滴水。床垫上有圆珠笔的字迹，是对当地女性魅力的评论。琢磨着其中的一些术语，我睡着了。

我醒来时发现一个十二岁的美拉尼西亚女孩正站在我身边笑。是幻觉吗？不太可能。我说早上好。"晚上好。"她纠正我。然后安汶大叔走进来，他牵着一个黑黑的小男孩的手，手里拿着一个看起来像可折叠饼架的东西。

"我给你带来了食物。当我告诉我的孙子们关于你的事情时，他们都不相信，所以我带他们来看一眼。"

他们过来观察我，拉扯我手臂上的毛，欣赏我的大鼻子，并为自己鼻子的娇小感到遗憾。我们走在海滩松软的泥土上，我不明智地提到明天会寻找另一个地方住。安汶大叔看起来很沮丧。

"我让你失望了。明天我什么时候来？"我的反对是徒劳的，"我不能丢下你。"

第二天，我们再次试着参考旅行指南。结果在它的指引下，我们来到了一家多年前已被拆除的酒店。安汶大叔认为是时候采取特别行动了，他询问了一名守卫银行的士兵。士兵紧挨着岗亭，给了我们一个地址。我决定不管是什么样子，都住在那里。幸运的是，这就是我一直在寻找的地方：宽敞、凉爽、便宜。四周的人们都洋溢着笑容。安汶大叔拒绝我给他买午餐，也拒绝我支付他回家的车费。

"如果我在英格兰迷路了，你也会为我做同样的事情。"他声称。我感到深深的羞愧。

这时候，我已经开始辨认酒店的风格，它的前厅挤满了看起来性情温和却游手好闲的人。

"不。我真的不在这里工作。我来看我的表弟。"

学童们会在上学和放学的路上顺便来到这里，盯着电视看很久，然后抽一支烟。每个人都抽烟，甚至五岁的孩子也抽。酒店后面潜伏着一个干瘪的按摩师。她会抓住路人，捏得他们的手骨吱吱作响。

"是的，我也是这么想的。风已经侵入你的关节。你非常需要按摩。"我从未见过她有生意。

这里是一片欢快又邋遢的区域。道路中间是废弃的铁轨。早上有一个花市，傍晚时分，还有人出售童装和塑料桶。闲晃的人坐着闲聊。有时，他们对着一张巨大的海报傻笑，海报上是一个快乐的印度尼西亚农民，肩上扛着锄头，大步迈向美好的未来，上面写着："移居伊里安查亚，更好的生活在等着你。"这让我想起自己童年时看到的澳大利亚移民海报，上面是一个穿着本科生毕业长袍和泳裤的人，手里拿着一张文凭。我会考虑去伊里安查亚的。这些闲人没有被诱惑到吗？

他们眼睛骨碌碌地转着。这里是家，有朋友和家人。去了那边，土著会杀了他们，还是家乡更好。

到了傍晚，男人们换上了纱笼，这样在灼热的天气中要凉爽得多。这些闲人坚定地认为我也应该买一条。我觉得自己欠他们一个微笑。

对店里的华人女孩来说，这是她们几个月来知道的最有趣的事情。

"看，那个白色的人（puttyman，即印尼语orang putih）正在买纱笼。""putih"在印尼语中是"白色"的意思，所以"puttyman"是英语和印尼语的混杂。也许这个词对那些女孩们来说特别具有画面感。她们咯咯地笑了起来。

闲晃的人们兴致勃勃地等待我买东西。他们高兴地鼓起掌来。为那条纱笼，人群的热情持续爆发了至少一个小时。我似乎什么都做错了，我试着从脚下往上拉，而不是把它从头上往下套。搞笑的是，这纱笼非常短，露出了毛茸茸的小腿和靴子。这些闲人一致认为它对于白人来说太短了，联合起来找华人退货。他们带着一个更长的纱笼回来了，是鲜艳的橙色。我把它绑在身上，却掉了下来。他们帮我系上，又太紧了，我坐不下去。一位年迈的按摩师和一位来自外岛的老太太加入我们，老太太正在前往麦加的途中。

"我会在朝圣的途中死去。我认识苏加诺。我的房子价值七千五百万卢比。你为那件纱笼付了多少钱？什么？你被宰了。"

此后，她默默地看着电视，面无表情地咀嚼着槟榔，电视屏幕上一个几乎赤裸的白人女子随着流行音乐旋转、扭动。电视画面模糊。一只花猫走了进来。作为尾声，我试图穿着纱笼上楼，结果摔了个四脚朝天。人们看了很兴奋。

我那本靠不住的旅行指南宣称，泗水过去曾被旅行者忽视，这是不公平的。现在它是一个值得考虑去旅游的地方。这本指南在这方面大错特错。泗水是一个炎热的工业城镇，充斥着廉价的现代建筑。老城区在战争结束后几乎被英国人完全摧毁[1]。打发这几天真的很难。

幸运的是，其中一个闲人有了解决办法，邀请我一起去动物园。通常我对第三世界的动物园很有戒心，而更接受英国的

---

1. 1945 年 8 月印度尼西亚宣布独立后，英军以盟军名义在爪哇登陆，11 月 10 日英军向东爪哇首府泗水进犯。泗水人民奋起抵抗，激战多天，泗水沦陷。

风格，对待动物要心肠柔软。我参观过非洲动物园，那里的狮子被关在小笼子里，你可以租一根尖棒戳它们的眼睛，让它们咆哮，有时动物会得到报复的机会。在另一个非洲动物园里，爬行动物围栏里的树木长期无人修剪，以至于蛇能够直接从树上爬到游客身上。

泗水动物园看起来还不错。许多动物与饲养员建立了牢固的友谊。

这里的建筑暗示了奇怪的动物分类。大象住在有点像混凝土建造的清真寺中。奇特的是，长颈鹿被当成华人，调皮地住在佛塔中。猴子被当成印度教徒，在小佛塔上无休止地来回踱步。我的导游深深享受着这一切。

"这里有很多人。"我评论说。

"是的。这是妓女揽客的地方。"

不幸的是，他使用了委婉的说法"kupu-kupu malam"，意为"夜蝶""飞蛾"，所以过了一段时间我才意识到，主要吸引人的不是鳞翅目昆虫。

最可爱的是红毛猩猩（印尼语称其为"森林人"）。饲养员出现时，它们欢呼雀跃地扑到他身上，用大手臂搂着他。猩猩就像印尼人一样需要拥抱，随后坐到他的摩托车上——一只猩猩在车把上，另一只在后座上。

我们穿过集市往回走，那里最畅销的零售商品之一是戴安娜女士牌爽身粉，罐上不能免俗地装饰有牧羊犬流苏。

其中一个闲人说："镇上还有一个英国人在大学里教英语。

你得去看看他。"

"嗯，不过我来印尼不是来看英国人的。"

"你们英国人难道不想见见老乡吗？真是奇怪。"

"他叫什么名字？"

"戈弗雷·巴特菲尔德，文学硕士。"

戈弗雷住在该城市一个略显破旧的公寓楼里，那是古老的荷兰式建筑，受潮严重。白色的粉饰灰泥和黑色的百叶窗隐约带有都铎式建筑[1]的风情。屋内灯泡昏暗，铺设了剑麻地毯，流露出勤俭节约的气息。一个嘎吱作响的电梯笼子通向五楼。大门通向一个楼梯平台。有些住户敞开大门让空气流通，但所有人家都有一扇钢条做成的外门，就像监狱的牢房。

一个只穿着纱笼的年轻华人出现了，和我自己的装扮一样。

"哈啰。我马库斯。你进来。你坐。戈弗雷休息中。你想喝点什么？"好像大家都在等着我似的。他倒了一大杯不知是什么东西的饮品和汤力水。啊，不是杜松子酒，而是米酒，勤俭节约的进一步体现。他匆匆忙忙跑到另一个房间，能听见说话的声音。这名华人再次出现，像主持人介绍演员一样挥了挥手。

戈弗雷也穿着纱笼。他是一个六十多岁的男人，有着稀疏发灰的头发，堆积如山的脂肪像山坡上的梯田一样，从他的胸膛上倾泻而下，走路时胸口的肥肉摇晃着。他抓起递过来的那杯饮品，一饮而尽，递过去准备再倒满。

---

1. 英国都铎王朝时代（1485—1603）的建筑样式，以露明木架为特点。

"你好。"他见到我毫不意外。他的嗓音沙哑，听起来像是长期吸烟造成的，双手沾满了尼古丁味。戈弗雷庞大的身躯坐了下来，传来一种厨房设备的嘎嘎作响声，看来他练习过如何平衡自己的身体，就像一个人把坚果渣倒进细窄的下水道口一样。他轻轻调整纱笼。

纱笼是唯一不凸显他肥硕身材的部分。他开始了不间断的长篇大论，谈到了他的众多才能、气候的有益影响（他将其归因于他惊人的好体格）以及右翼政治的优势。他说这些似乎并不需要答复。厨房里的吵闹声来自另一个华人，这次是个穿裤子、戴眼镜的人。

"戈弗雷，我认为高压锅在三分钟内就会爆炸。"高压锅一定是节省的另一个标志。

"对，"戈弗雷轻快地说，"所以你知道了。"他指着马库斯说："这是第一夫人。这个，"他向厨房里的年轻人示意，"这是二号老婆。就是这样。"他仔细观察我，发现我没有任何反应。

"我们到阳台去坐坐吧。"

于是，我就在阳台听英语老师戈弗雷讲述，像他之前的许多毕业于牛津、剑桥的人一样，被酗酒和同性恋生活的浪潮席卷到这个遥远的浅滩上。

戈弗雷找了个舒适的姿势把自己安顿下来，然后开始逐一列举他生命中的重要事件。他没有想到还有其他可能的谈话主题。可以说，这是一场经过多次重复而变得天衣无缝的表演。说话间，他将双筒望远镜举到眼前，打量着马路对面正在建造一座高楼的衣衫褴褛的工人。他在英格兰南部有一个很少见面的妻子，他称她为"老婆娘"。他是随驻新加坡的英国皇家空军来到这里的。

"那些日子里到处都是同性恋。不知道哪个人不是。"

战后他被临时调派到荷兰，不知何故从未回过家。

"那个穿红短裤的人又来了。"的确，一个非常黑的红衣男人开始引导装满水泥的搅拌机。他笑着向戈弗雷挥了挥手。

"棒极了！"

戈弗雷不情愿地收起望远镜，看着我。

"你，"他说，"一定是个老师。"这不是恭维。他出去全力对付高压锅了。

第一个"老婆"出发去就读的大学听课。第二个"老婆"尼科向我讲述了许多有钱又漂亮的人想和他上床却被他拒绝，这时戈弗雷回来了，并用炊具里的东西吓唬我们。烹煮这只鸡的时候出了大问题。我们把它当作一种美味的肉酱来吃，而戈弗雷则向我们解释了建立稳固政府的必要性和王室的好处。

"我离开英国的时间越长，"他解释说，"这一切对我来说就越发清晰。"

浴室里有一罐戴安娜牌爽身粉。是时候找个借口离开了。戈弗雷坚持要开车送我回去。在建筑的后面停着一辆老旧但整洁的莫里斯小轿车[1]，在东方的神秘气氛中显得格格不入。它喷出

---

1. 全称 Morris Garages，即名爵（MG），英国百年运动汽车品牌，2005 年被中国汽车企业收购。

一股上过蜡的人造革和人造橡胶的气味。我们上车时，一个年轻人正从大楼的拐角处经过。戈弗雷色眯眯、大胆地盯着他看，以魅惑的姿态摆动巨大的臀部。那个年轻人在我们周围绕了一大圈，然后回头看了看，脸上混杂着恐惧和难以置信的表情。

"啊，"戈弗雷说，"他很感兴趣。你可以发现这一点。"

第三章　水手之道

印尼国家航运公司的船崭新又洁净，给了我一个大大的惊喜。乘客里面什么样的人都有。我一眼就看到有几个白人，年轻的坐统舱，年长的坐头等舱。我特意选定一条中间路线，六人一舱的比较适合我。

统舱的乘客住在巨大的、铺有乙烯基软垫的舱内，他们如表亲般挤在一起睡觉或观看视频，《高耸的地狱》最受欢迎。那里的食物和其他地方的一样，乘客可以带走并在船上的任何地方享用，而我们被关在炎热、发霉的餐厅里。服务员对那些穿着塑料凉鞋的人很不客气。在英国文化中，领带是正式和休闲的界限。而在印尼，鞋子也有同样的区分功能。

食物主要是米饭和鱼。当我们耐着性子吃第一顿饭时，一位服务员用平静而严肃的语气对我们说："发生了一场械斗，一名布吉人[1]被杀。快点吃，有人在码头上等着我。"我们立刻埋头餐盘，狼吞虎咽地吃着。

统舱乘客是一群情绪反复无常的人。他们大多是深色皮肤

---

1. 印度尼西亚民族之一，苏拉威西的海上族群，素以经商、航海闻名。

的爪哇人，将一生的积蓄都装在纸箱里，移民前往伊里安查亚的森林开启新的生活。对他们来说，两个孩子是不够的。他们坐在忧郁的人群中，看着家乡爪哇和一切熟悉的事物永远消失。老人们哭了。年轻人看起来既害怕又兴奋，哼着西方音乐的曲调，穿着印有自己都看不懂的西方标语的运动T恤，准备迎接新的生活。我想知道他们在偏僻而无聊的农业定居点中会如何生活。一个微笑的女孩穿的T恤上印着"你生气时很漂亮，其余时间你看起来像一头猪"的英文。她让我翻译，我感觉最好省略有关猪的部分。他们都认为这样的衣服很时髦，但很危险。危险？是的，曾经有一个年轻人发现自己穿着一件支持以色列的T恤。人群传来震惊的感叹声。

印尼人敏捷地帮助各种各样的白人，给他们茶，不断地钻研地图，提供的建议极不准确，还无休止地询问关于西方的问题。船员们穿着救生衣，围着船打乒乓球和赛跑，咯咯地笑着。乘客们也被要求加入进来。

晚上，船上组织了一场舞会。大多数人都竭尽全力让自己看起来最好。在统舱中，装行李的纸板箱被撕开，藏在里面的华丽服饰、明亮的腰带和红色的鞋子被"洗劫"一空。在上层甲板上，精心打理的管理人员打开古驰行李箱寻找轻便的西装和迪奥围巾。然后他们都去了舞厅，笔直地坐在硬椅子上，听一群年轻人用洋泾浜语[1]唱流行歌曲。每个人都像在古典音乐会

---

1. 指在交谈中不时夹杂外语，是一种为了与其他语言进行交流而产生的语言变体。

上一样沉默而严肃。孩子们挺直身躯，擦洗干净，交叉双臂，头发闪闪发光，表现得像小圣徒。歌手走到麦克风前，开始演唱一首英文歌，不时呜咽和喘气。很明显，他唱的东西他自己一个字也不懂。事实上，他只是学会了一些混杂着胡言乱语的英语发音。

"哦，宝贝。我smug plag pigbum ergle plak。哦耶。"

站在甲板上，一轮明月照亮了充满古朴美的海面。在温暖的远处，小渔船在平静光亮的海面上孤独地颠簸着，像在陈旧的漆盘上一样。飞鱼在我们身后跳跃，时隐时现，月光下它们的鳍在闪烁。

我靠在栏杆上，隐隐约约感觉到了诗意。这是诺埃尔·科沃德[1]主演的电影里那样充满柔情、缠绵的邂逅，是浪漫的前奏。隔板周围出现了一个年迈的白人，像乔治·伯恩斯[2]一样抽着雪茄。我们尴尬地看着对方。他用湿漉漉的雪茄烟蒂指着天空中的一抹亮光。

"天王星，"他用喝了威士忌的嗓音吼道，"或者冥王星。我不确定。"浓重的意大利口音。一道绿色的微光低垂在地平线上。

"金星？"我想了想说。

"金星？是的，有可能。"一架飞机的嗡嗡声变得清晰可闻。"金星"开始闪烁并迅速向爪哇岛方向移动。

---

1. 诺埃尔·科沃德（Noel Coward，1899—1973），英国演员、剧作家、流行音乐作曲家、导演、制片人。
2. 乔治·伯恩斯（George Burns，1896—1996），美国著名喜剧演员，以嘲讽、恶作剧式幽默和标志性的雪茄而闻名。

"我们要往哪个方向走？"

"向北……也可能向东南。我曾在意大利空军服役，但我忘记这些了。"

一扇门打开了，流行歌手的声音传来。

"哦，姑娘。Ee chiliwzdid tagko dud。哦耶。"

海上的清晨已经早早到来。船的后部建了一座清真寺。许多忠实的信徒在他们的祈祷垫上安装了指南针。这比意大利空军更可靠，指南针清楚地表明我们像魔毯一样向正东行驶。我发现像我这样的异教徒被困在船的顶部，除非艰难地通过祈祷者，否则无路可走。大地就在咫尺之遥——真正的开展民族志工作的地方，而不是东西方的无人区。我看到了第一个岛屿，用柱子支撑的房屋在靠海的一侧聚集。它们看起来像天堂，真的住下来却可能感觉在地狱。船头很高的布吉帆船聚集起来，像火焰周围的飞蛾一样。

纠结成一团的起重机和吊杆蚀刻在地平线上。飞鱼再次出现在船头附近。不，不是飞鱼，是别的东西，是用过的避孕套，得益于蓬勃发展的印尼橡胶工业。"两个孩子就足够了。"我们向海港晃荡着行进。进港时，一只死狗被冲到一堆卷曲的避孕套上。

到处是延误和混乱。士兵们费力地搬运个人财产，对前来迎接的老婆致意，向头等舱的军官鞠躬，这些军官被他们挤来挤去。移民们暗中潜伏在船上，蹲伏在硬纸板箱组成的坚固阵地后面。楼梯终于在船侧安好。我们已经到达苏拉威西岛。

在船上，我发现了一本旅行杂志，里面有两篇民族志研究文章。第一篇涉及我以前做过田野调查的非洲地区。文章将当地人扭曲地描述为时尚的附属品，一种引人发笑的、极端的自我粉饰的例子。第二篇文章与苏拉威西岛和托拉查有关，讲述一位勇敢的女记者的"探险"。她形容自己"贸然热情投入"托拉查地区，"奋力"穿越乡间，在大山"经受考验"。从描述的路线来看，很明显她的努力仅限于柏油路面，很可能是乘坐公共汽车。这让我感到困扰，因为我注意到自己有用同样的方式思考的倾向。西方认为东方野蛮又神秘，小小的野蛮也被认为是一种刺激，但不应该是非洲那种粗暴的形式——应该是精致复杂的东西。女记者插入一段关于日本在该地区的战争罪行的完全无关的章节，以满足这些要求。日占军不仅残忍地对待本地居民，还引进了插花技术。这一切看起来都有点滑稽。

乌戎潘当市显然不属于这样的民族志研究领域。这里天气炎热，尘土飞扬，仅比泗水凉爽一点。

最好的地方显然是海滨，人们聚集在海港墙上看日落，面向陆地的一侧还有食品摊位。小孩子们在脏水里洗澡，涉水走了大约四分之一英里，水才笔直地流动。在一家昂贵的旅游酒店内，一个经过消毒的小吃摊以十倍的价格售卖食物。外国人若有所思地注视着看起来玩得很开心的孩子们，看到他们从支撑酒店的桩上跳进水中时，高兴地尖叫起来。他们最喜欢的运动是把一个大腹便便的保安弄到桩子上，然后快乐地跳进海里，让他在桩子上吓得摇摇晃晃，无法转身。

"有时，"我旁边的一个人说，"有鲨鱼。是你看到的船只、垃圾吸引了它们。"他定了定神，期待着一场血腥的歌舞表演，随即问了我一连串问题：哪里人？要待多久？英国女人虽然跟谁都上床，但真的很冷漠吗？我用自己的问题清单进行反击：他的工作是什么？他是从哪儿来的？

"我，"他自豪地宣布，"是布吉人。看看我的鼻子，"他把头转向一边，这样我就能看到他侧面轮廓的优势，"我们布吉人的鼻子和欧洲人一样长。"他站了起来，"啊，我相信我看到了一条鲨鱼……不，它只是一个影子。"很遗憾。不会有血腥的歌舞表演。

"你要吃椰子吗？"他很高兴，熟练地吹着口哨，做了个手势。一阵声响传来，一个小男孩从黑暗中出现，手里抓着一簇簇椰子，就像拎着战利品一样。他把它们和两把勺子、一把剁刀放在一起，然后又消失了。我的同伴对椰子进行了几次明智的重击，就像一个不会插花的日占军。椰奶很新鲜，略带酸味，但很快发腻，发出黏稠的霉味。我的长鼻子朋友用刀挖出椰肉，它们看起来像生鱼一样光滑。"明天，"他说，"去外面的岛上吧。那真是个好地方。"他用自豪的鼻子点了点头。吃完椰子后，我把刀还给了摊主。已经付了椰子的钱，但为使用剁刀再给他一百卢比也是合适的。他的整个身体变成了表达喜悦的机器。能够用一点小钱让他这么愉快，真是太好了。

人类学家的动机和其他人一样，经不起严格的审视。田野调查给民族志学者带来了许多满足感。其中之一是他不再属于人口中赤贫的那部分，而是相对而言成了一个富有的人——用利他主义姿态挥霍一点小钱。能给别人带来微笑，对自己是一种极大的乐趣，这种快乐是通过花别人的钱来获取的，而且代价并不高，所有新教的美德同时得到发扬。能像当地绅士一样行事并施以恩惠——左派人类学家特别容易被这些诱惑，它会令人当场生出一种错觉，即你已经亲近了当地人。

"现在，"我的朋友说，"我们要去我家，那里有个集会。你将就'对印度尼西亚的第一印象'进行演讲，趁机锻炼一下你的语言。尽量控制在一个小时以内。"

"一小时？"

"是的。我们组织了一个叫作英语俱乐部的小团体。大多数日子里，我们每天会面一小时。你能见到我的其他朋友。"

我遇到了他的朋友、表兄弟和母亲，还遇到了一整班戴着穆斯林帽子的小男孩，他们从《古兰经》旁边离开，用英语和我交谈。我将王室、红绿灯、吃芦笋的礼仪等有关问题一一解答，还对造船行业进行了快速分析。傍晚时分，我逃回酒店。

"你明天还会来吗？"

"我再想想。我明天可能会去托拉查。"

原本第二天希望在"将热情投入研究"之前找联系人和做一般的准备工作。不幸的是，这一天是国庆假日，印度尼西亚宣布独立四十周年的纪念日。几乎所有地方都关门了。街道上挤满了孩子，正列队参加爱国活动。他们举起小拳头，脸上带着民族主义的热情，高呼"Merdeka"，意为"自由"。然后他们情不自禁地笑了起来，被老师责备了一通，老师自己也忍不住笑了。男人们在镇上徘徊，心不在焉地竖起旗帜，像迷失方向的标枪运动员一样抓着铝制杆子。亮点是自行车队，一辆贴着银箔的自行车被改造成自由的火炬。不幸的是，从海上吹来的强劲侧风使自行车在路上摇摇晃晃，并与八个小女孩扛着的巨型金鱼相撞。这条金鱼用来宣传鱼类是蛋白质的重要来源。农业部的一名男子开着卡车在城里转悠，向民众脸上喷水，而学生们则打扮成稻穗，展示它们在杀虫剂的作用下茁壮成长。一辆摩托车被耐心地改造为一只巨大的蜗牛，成了有点叛逆的展品。虽然它要传达的信息还不明确，但它会以高速从最意想不到的方向突然出现，穿过其他花车并摔倒。这一切都是善意的，显示出印尼人在最难以置信的地方寻找乐趣的令人羡慕的能力。

为了远离炎热和灰尘，我想不妨乘船去一个朋友推荐的岛屿。我很害怕遇到英语俱乐部的人，最让我震惊的是酒店的接待员透露自己是该俱乐部的会员，我的一举一动都会受到严密监视。我决定搭一辆三轮车去港口。司机很唠叨。

"托拉查？"他说，"我不会去那里。那里的人吃人肉，你知道的。"

"你怎么知道？"

"每个人都知道。"每个人都讨厌自己的邻居，这近乎人类学的通用结论。这很奇怪，因为该学科总是倾向于认为互动会促进一个民族的团结。三轮车装有电子风铃，播放着"我们祝

你圣诞快乐"[1]。我们绕着主广场行驶时，播放到"给我们带点布
丁"，到达码头后，正好到"新年快乐"这一句。

　　船票在码头的尽头出售，价格翻了一番，以纪念这喜庆的
一天。我们乘着一艘小船出发，它的发动机没有产生预期的噪
音，而是发出一系列相当不连续的爆炸声，就像老年失禁者一
样。一个孩子着迷地看着我，突然抱住我的膝盖。"高！"他
说。他的爸爸妈妈都笑了。对岸传来一阵沉闷的轰鸣声，仿佛
发动机的声音在回荡。这声音有一种奇怪的熟悉感，很难说清。
船横着驶入码头，随着发动机熄火，声音突然变得清晰起来。
"哦，宝贝。Erg fuddle tin fat swug。噢耶。"天啊，是船上的流
行乐队。

　　在船上，他们受到约束和限制。在这里，他们可以放开自
己，尽情释放。一套刺耳的扩音器系统将他们的欢乐颂歌传到
岛上最远的地方。这是一个小小的、弯曲的海滩，到处都是临
时摊位，出售太阳镜、汽水和充气玩具。一群孩子正在拿用过
的避孕套钓鱼，就在油腻的水边把避孕套排成一排。一个孩子
从水中浮出，浑身是被鲨鱼袭击留下的血迹。不，不是鲨鱼袭
击，是溺爱孩子的家长用红药水涂抹伤口，造成了这种效果。
海滩上的一块牌子写着"小心废铁"。绕着岛转了一圈后，流行
乐队挥舞着双手，大声地致以友好的问候。我回到了码头，等
待下一班船。一个没有穿鞋的男人正在钓大虾，耐心地将它们

---

1. 即"We Wish You a Merry Christmas"，著名的圣诞歌曲。

从茂密的海藻中弄出来。我们又过了一遍通常要问的那些问题。

"你应该,"他说,"见见我姐姐。"

在非洲,我会确切地知道他的意思,但这是一个骄傲的民族,以热情而出名。可能这个人也是英语俱乐部的成员。

"为什么?"我紧张地问道,感受到人们对疯子或外国人的那种注视。

"她是个茶巾女士。"

"茶巾。你是说她卖茶巾?印染花布?"

他笑了:"不,不。她是个狂热的宗教分子,非常虔诚。她头上戴着一条茶巾,拒绝上大学。她会一辈子不结婚,但你会发现她很有趣。她的英语说得很好。"

"你是从乌戎潘当来的吗?"在他身后,一艘布吉族渔船驶过来,巨大的向上弯曲的船头高高耸立。"等等,"我说,"你是布吉人。我可以从你那又好看又长的鼻子看出来。"人类学教我如何建立这种联系,它们被称为阐释。他很高兴。

"完全正确!"

我忽然很想知道,布吉人是否将他们的船头称为"鼻子",或者反过来称呼。有一篇关于布吉族船只象征意义的文章,我得查一下。但这位朋友有进一步的资料可以提供。

"这里的人认为大鼻子意味着你有一个'大家伙'。这就是女人喜欢他们的原因。"他脸红了,捂住了鼻子,这种尴尬的姿态我在其他地方看到过。

一艘拥有更放肆的"鼻子"的船到了,我们说了再见。我和一群年轻的父亲一起上船。父亲和孩子们欣喜若狂地拥抱在一起。哪怕只是看着自己的子女，他们也几乎高兴得要爆炸。

岸上有两个澳大利亚人，他们从巴厘岛过来，脸色苍白，皮肤被阳光烧灼，腿上毛茸茸的，还打着赤脚。虽然时间还早，但他们已经喝得酩酊大醉，仿佛是对当地文化陋习的讽刺，甚至挥舞着酒瓶投入表演。印尼的父亲们把孩子抱得更紧，小声地说着警告的话，游客们正在讨论他们的肠道，就像喝茶的妈妈们津津有味地谈论她们的水管。

"该死的大便，伙计，"一个人咆哮道，"只是原地不动，抬头看着你。我在这几个该死的星期里第一次大便。"他们开始讨论交配和排便哪个更有乐趣，显然在国外待了很长时间，习惯于大胆冒失，对整个世界都感到费解。我低下头，试图从他们谈论粪便的迷雾中悄悄走过去。但这是不可能的。

船夫对着他们，指着我，大声喊道："看，朋友！"这可能是他唯一知道的英语，但已经足以令我被人群注意到。他点了点头，咧嘴笑了笑，确信自己帮了我一个忙。澳大利亚人也咧嘴笑了，对着那些催促他们的孩子离开、眼中冒火的年轻父亲，蹒跚而来。两人立刻认出我是他们中的一员，希望在痛饮啤酒的伙伴情谊中消磨时间，一边深入研究印尼人有毛病的地方，一边尖锐地评论码头上的人。我花了将近一个小时才离开，他们还在因我这英国家伙的毛绒衬衫不够暖而摇头。小男孩们高兴地尖叫着，将空瓶子扔进了港口。

游客展现出人们丑陋的一面。是最糟糕的人都是游客，还是游客的身份带来了一个人最糟糕的一面？旅游业将其他人转化为可以拍照和收藏的舞台道具。我不确定在某种程度上民族志研究是不是也有同样的作用。我认识的一些人类学家会认为"他们的"研究对象和实验室动物差不多，是对我们很重要的东西，一旦证明他们乏味或过分讨厌时，就会被丢弃或放回笼子里。然而，不知何故，我觉得他们真的很善良，乐于助人，在我不需要的时候不请自来，这甚至让我表现得比预期的要好一些，带着一个还算满意的想法，去寻找真正的民族志。不知怎么，我觉得乌戎潘当对我来说太热情了。

第四章　民族志前沿

"游客！"一个孩子抽出正在辛勤挖掘鼻孔的手指，指着我，然后借势摊开手掌，对我说，"我要糖果。给我钱。"这是我第一次听到几乎每个托拉查的孩子都会对着白人喊出的"游客-糖果-钱"，一个不可分割的组合。我还没有到达托拉查，而是在帕雷-帕雷镇的海岸上，对"投入研究"蓄势待发。第一批欧洲人花了四百年时间才从海岸到达山区。现在的巴士只需要几个小时，但看起来还是很漫长。

我手里这本内容虚假的旅行指南，将这座小镇的魅力吹嘘得过高，真正促使我下车的是一座标有"博物馆"的建筑。这是一个常见的普通、单调的小镇，建在一条尘土飞扬的道路旁，华人商人就在那里高价出售日本商品。相距不远的行政区域里是维护共和国运转的公务员。一边是一个小港口，大米正被装入日本船只。正是在小城镇，人们才意识到印尼人口中儿童占的比例非常高，所以对学校的投资巨大，好像每三栋建筑物里就有一所学校。有的学校每天实行三班制，所以穿得一尘不染的孩子们，无时无刻不在主干道上来回奔波。"你好，老师！"他们高兴地喊道。

我被安置在一家建在水上的小旅馆，里面是纸板做的小隔间。除了让每个人都能听到其他房间发生的事情之外，这脆弱的结构意味着可以听到每晚在前厅狂欢的纸牌游戏。大叫大嚷曾多次被强烈抗议，但抗议是没有用的，因为加入牌局的邀请是用最友好的方式发出的。

镇上最好的娱乐场所似乎是隔壁的网球俱乐部，那里的官僚们以极高的标准进行激烈的比赛。有许多顽童和裁判观战，大声喊叫表示喜悦或愤怒。从黎明到黄昏，他们可以一直在网前交战，鼻孔因运动而张开，咆哮着，嘲笑着。

唯一让人分心的是一位体型硕大的德国游客，他铲子般的胡须让管理人员受到了惊吓。每当他坐在椅子上或床上时，它们就会在他身下弯曲。奇怪的是，房东认为这很有趣。

"看，"他会说，举起断成两截的椅子，"他干的好事。"

另一个神奇的地方是浴室。像东南亚大多数地方一样，水装在一个水泥罐里，可以尽情泼洒在人身上。这个容器与隔壁的浴室共用，墙壁像窗帘一样。然而，这里也是一条冷漠的大黑金鱼的家。当它看到一边有人时，就会移开视线，游向另一侧。如果两侧都有人，它就被迫陷入可怕的摇摆不定之中。房东很惊讶，这个多毛的德国人出于对鱼的顾虑，竟顽固地拒绝使用浴室。房东似乎认为，欧洲人出于宗教上的原因而憎恨鱼。

参观博物馆比预想的要困难得多。我坐上三轮车，和一个年老的车夫一起出发。在这种情况下总会有某种棘手和矛盾的情绪。人们盯着我们看。他们是否在想："看！那个可怜的长辈背后坐着那个懒惰的白人，车夫老得都能做他的父亲啦！"或者他们在说："看！好在他雇了那个老头子，而不是一个更快的年轻人。"

三轮车夫讲述他好像快要歇业了。政府即将废除镇上的三轮车，代之以出租车。但这是为什么呢？谁知道政府为什么要这样做。车夫将不得不去和儿子一起生活，并由儿子照料。他们只有一点勉强够生活的土地。为了不与车主分享劳动所得，车夫多年来一直在存钱，好不容易买下属于自己的三轮车。现在，他怎么舍得卖掉它呢？他必须把它拆开，把车轮一个一个地卖掉。这是一幅令人沮丧的画面——老人先卖轮子，然后是车座，最后是铃铛，利润越来越少。

他在柏油路上缓慢地向南蹬着车，整个车架随着双腿的用力而左右摇晃。机动车从我们身边经过，愤怒地按着喇叭。路上的其他三轮车夫们拨响车上的铃铛，展现这个群体共同的努力劳作。在路的两边，混凝土的商业街区让位于柱子上的精致木屋，棕榈树遮阴蔽日。房子简单而宽敞，带有坚硬、裸露、莫名其妙的阳刚之气，仿佛不屑于荷叶边[1]。人们站在齐胸高的混凝土或柳条围栏里，将水倒在自己身上，或靠在阳台上，在香烟的烟雾中思考这个世界。

博物馆大门紧锁，门前冷冷清清，只留下一个白痴男孩。似乎博物馆总是由一个蠢男人管理，这成了不可改变的法则，

---

1. 这里指类似衣、裙、窗帘等物件的荷叶边。

就像大学的部门秘书总是某个疯女人一样。三轮车夫为我怒火中烧，要求知道钥匙保管员的下落。商量了一个新的行程路费，他要带我去那里，一路上对整个世界都进行了抨击。

我们去了一栋挂着共和国国旗的大楼，被介绍给一群非常有礼貌的绅士，并被要求填写访客登记簿。直到这时我们才知道，拿着钥匙的人已经回到了博物馆，现在可以在馆内找到他了。在友好的告别后，我们回到了三轮车上。重新上车时，我突然感到我的臀部周围有一股冷风。我的裤子从头到尾都被扯坏了，向全世界敞开着。

绕着博物馆走一圈，我只能尽力将后背对着墙壁。这是一项适合未来的威尔士亲王的运动。实在太难了。

该博物馆是专门为该镇的王室而设的，显示它已经足够富裕，可以从东西方进口糟糕的贸易品。来自海对面婆罗洲的极其糟糕的雕刻品，同廉价的荷兰花瓶以及中国盘子挤在一起。馆长和他的妻子随时会出现在展览周围。馆长非常温柔，说话轻声细语。他的妻子与贝蒂·戴维斯[1]晚年的角色惊人相似——满身污垢、声音沙哑的邋遢女人。

馆长喜欢各种奇怪的故事。他谈到了一门大炮在未经引爆的情况下走火，导致一名议员死亡。他曾试图将它运到博物馆，但它总是独自返回山顶。他曾听到石头的尖叫声，看到穿着古装的鬼魂。柜子里那些看起来很普通的刀子却有魔法。一旦被

---

1. 贝蒂·戴维斯（Bette Davis，1908—1989），美国电影、舞台剧女演员，曾两次获得奥斯卡最佳女主角奖。

拔出，它们必须尝到血的滋味才能重新入鞘。"贝蒂"点点头，默不作声地表示同意，间或补充一些评论来完善故事。

最后是征求捐赠。"贝蒂"摆出一副厌世的愤世嫉俗的姿势，没完没了地抽烟，穿着破旧的拖鞋走来走去。作为一个穿着破裤子离开这个"皇室收藏"的人，我倒退着走了出去。

马路对面立着一个牌子："通向海滩"。一条石头覆盖的小路在棕榈树之间延伸，在木制棚屋之间穿行，明亮的阳台上晾着纱笼。

这才是我熟悉的、幻想中的热带岛屿海滩。海滩上适宜地点缀着椰子树和停泊的木制渔船。大海平静而湛蓝，没有汹涌的波涛，海浪轻轻玩弄着沙子。一个孩子出现了，他打着哈欠说："给我钱。"我就"什么是羞耻"对小孩做了点说教，他冷冷地听着。一个人蹲在海边，无疑是在从事某种古老的海上狩猎活动。我走近了，用唇形打了个招呼。他猛然察觉到外人的存在，一脸惊恐地转过身来，提起裤子，然后飞奔而去，一路上溅起温热的水花。他在做什么已经很清楚了。我现在知道这里的厕所是怎么安排的了。

我向相反的方向走去，并意识到有另一个人在树林间玩躲猫猫。我不会再犯同样的错误，坚定地看向另一个方向。这时轮到他悄悄接近我了。

"你好啊。"他吼道。

"你好。"

"请给我两百卢比。"

"为什么？"

"旅游税。"他从背后掏出一顶尖帽子，拿出一张收据，像献花的情郎一样局促不安地笑了笑。

"别去那边游泳，有海胆。"我不怎么明白，他精心表演了一个人某只脚被蜇到的哑剧。

"这里的水质好吗？"

"非常好。正因为有这个，它才温暖宜人。"他指了指石头防波堤。

孩子们套着巨大的黑色车轮内胎，像乌龟一样游来游去，互相大喊着种族侮辱的话。

"华人没有鼻子。"

"布吉人脸像山羊。"

没有关于白人的评论。我卷起裤腿，试探性地划水。我应该在头上戴一条打结的手帕，但他们不会发现我的。海水温润，就像在舒舒服服地做足浴一样。回头看向岸边，我明白了原因。防波堤内装有一根大铁管。那是城镇的下水道，我是在温暖的污水中行进。

但是，即使在这样一个明显无利可图的地方，也有迹象表明印尼将成为民族志研究的沃土。我去了一家宣传蟹汤的小店。

"没有蟹汤。没有螃蟹。"服务员说。

"为什么没有螃蟹？"海滩上挤满了渔民、船只和软体动物的壳。

"我不知道。他们总是说因为满月，但我不理解为什么。如果你想问渔夫的话，他在厨房里。"

　　果然，渔夫坐在那里喝咖啡。这是个瘦小的男人，被太阳晒成了深褐色，他的皮肤在所有的关节处都垂着松散的褶皱，好像是从比他体形大得多的人那里借来的。我问了螃蟹和满月的事。

　　"完全正确，"他说，"满月时没有螃蟹。它们都来月经了。"

　　"瞎说，"一名厨师笑着说，"螃蟹都是雄性的，它们不会来月经。"

　　"是因为光线，"其中一名服务员说，"螃蟹不喜欢光。它们藏在深水里，所以你没法抓到它们。"

　　"不是这样，"另一名厨师坐下说道，"像这样，月亮引发潮汐，掀起波澜。螃蟹不喜欢湍急的水，所以它们会躲在岩石下。"整个餐厅现在都静了下来。与我在非洲遇到的最后一个民族相比，这是个令人耳目一新的变化。非洲的那个民族非常保守，抵制对祖先智慧的猜测。

　　渔夫疑惑地摇摇头。"哇！"他说，"我不知道受过教育、读过书是怎样的。你看，我只是一个普通的渔夫。我们对这一切一无所知。我们甚至不能在满月的时候去钓鱼，因为我们所有的妻子都在来月经。"讨论又回到了我刚加入的时候。

　　回到酒店，突然我对耽搁这么多时间感到不耐烦了，决定立即动身前往有托拉查人所在的山间。"托拉查"这个词的意思显然只是"山里人"，来自布吉语。毫无疑问，这是一个种族间诽谤的用词。目前关于谁是或谁不是托拉查的混乱，可能是因为他们传统上没有这样的名字。我将从马马萨镇开始。我去了汽车站。

"去马马萨吗？"

"波尔马斯。"

"呃……是的，但是马马萨呢？"

"波尔马斯……你上车。"

我在地图上徒劳地寻找波尔马斯。

"波尔马斯在哪儿？"疑问的声音在问显而易见的事情，但没有人回答。

"波尔马斯在马马萨附近吗？"

他耸了耸肩："是的，近。"

"有多近？我可以在一天内从波尔马斯到达马马萨吗？"

"哦，是的。你上车。"

"能肯定吗？"

"是的。你现在上车。"我一个字都不相信，但该怎么办？他们看起来很友好。我身上带了钱，不至于饿死。我无视车上的前排座椅（更贵，更容易生病），爬上了后面的空位。我们出发了。

在一定程度上出发了。更确切地说，我们在镇上漫游，寻找那些看起来想去波尔马斯的人——不管那是什么地方。车子在主干道上慢悠悠地开着，试图吸引那些还在犹豫的人。司机对女人们按喇叭，笑着探出身子；跟背负重物的人搭讪，张开双臂展示车上可用的空间。

"看！还有空地方。上车吧！和我们一起去波尔马斯。"

之所以说我们，是因为驾驶员和乘客没有区别。大家普遍认为现在从事的是某种共同的事业，命运密不可分地交织在一起。乘客灵巧地跳下车帮助新来的乘客搬运行李。我们腾出了空间。我们分享香烟。突然之间，大家成了兄弟。一袋袋米被装上车，孩子们成群结队地出现，被装在像瓷器一样的物品中。我们兴高采烈地向山区出发——然后返回汽车站接更多的乘客。我们开车四处寻找某人的兄弟，接他并到他家取更多的行李。终于，当今天出发的希望似乎已经破灭时，我们背对海岸，朝着越来越暗的群山急速驶去。

在这条路的某处，有一个看不见的边界。它首先体现在路面。柏油路逐渐消失，变成泥土。后来泥土让位于裸露的岩石，大巴在岩石上颠簸起伏。有些地方能看见巨大的黄色机器，散热器上印着日文，忙着粉碎石头，然后把碎屑喷到路上。但很快这些机器就被未驯服的荒野取代，在那里，道路不是沟通的渠道，而是障碍。有两件事将西方文化的"番茄酱"传播到整个地球。一是交流通讯。另一个是它最有力的隐喻——金钱。但在这里，我们突然进入另一个世界，一个向内看而不是向外看的世界，在这里，物质上的舒适不能被认为是理所当然的。这个世界有一种令人兴奋的可能性，可以让我们瞥见另一种真实。对于任何痴迷于民族志探索的人来说，这是最大的兴奋点。我向我旁边的人问了一个问题，此时他成为我探索这个国家的试金石。

"我们几点到达？"

他耸了耸肩。"我怎么会知道？"

我是对的。我们已经越过边境。他钻到角落里的座位上，在不打招呼的情况下用双臂搂住我，然后安然入睡，靠着我的脖子满足地呼吸。这是另一个世界。我倒在他身上，很快也睡着了。

"游客！"天黑了，身体感到一阵苦寒。"游客！"一个女人叫道。引擎已经熄火，乘客们都从车里爬出来，看起来非常狼狈。我瞪了那个女人一眼。她回以一笑，拍了拍跑上来的小男孩，他也是笑嘻嘻的。

"她的儿子，"一位打着哈欠的乘客解释说，"名叫图里斯[1]。一个陌生人经过村子时，她怀孕并生下了他，她喜欢这个词。"

图里斯看着我，但没有向我要钱或糖果。眼前似乎是一幅中世纪的场景，一队驮马来迎接公共汽车，肩上披着斗篷的男人在燃烧的火把下卸下箱子。他们拔出剑砍断捆绑的条索。

"过来喝咖啡，"女人说，"我必须点上灯。十点就会停电。"

我们伸伸懒腰，打着哈欠，像表演哑剧一样滑稽地颤抖，拖着脚步走到一座光秃秃的混凝土房子前。房子矗立在山顶上，清澈的星光洒在上面。司机已经在里面点上了油灯。有些人停下来对着外墙小便。当我们穿过门时，电停了，房间的各个角落在我们周围缩成一片舒适的昏暗。在厨房里，有人像皮影戏

---

1. 英文名 Turis，与"游客"（tourist）音近。

一般做出了热咖啡。

"请不要加糖。"

"不加糖？"整个厨房的人都聚在一起看这个奇怪的人。

"你喝咖啡不加糖？"印尼人每杯都加五六勺糖。他们看着我喝，似乎在怀疑我最后一刻拿了什么东西替换了糖。

"荷兰人真的很奇怪。"

"我不是荷兰人。我是英国人。"

"所有的白人不是都一样吗？我们把他们都称为荷兰人。"

"布吉人和托拉查人是一样的吗？"他们满意地明白了这一点。我突然发现天已经黑得伸手不见五指，却仍然不知道要去哪里。司机拿着地图。

"这个地方叫什么？"

"它没有地名。只是一座房子。"

"它在哪里？"

"波尔马斯。"

"你接下来要去哪里？"

"更远的地方，波尔马斯。"

"但是……"突然我恍然大悟！他们把道路两端的名字，即波利瓦利（Polewali）和马马萨（Mamasa），合并在一起，用于整个地区。因此，我当前身处波尔马斯（Polmas），去的地方还是波尔马斯。

我们坐在波尔马斯，吃了图里斯母亲带来的小蛋糕。又是那些常见的问题。我用所知甚浅的印尼语，像个被宠坏的孩子一样在游客面前炫耀。有几名乘客是学校教师。他们总是在第三世界旅行，可以将印尼语和托拉查语互译。托拉查语是一种截然不同的语言。并且他们还知道一些对我们没有用的荷兰语。我想起了曾经在喀麦隆认识的一些孩子，他们学习了挪威语，希望能为自己打开一个新世界。

至少我不必解释我的行当。这片地区似乎还有其他人类学家。

"在北边，有一位法国女士。她曾经很漂亮，但我认为她现在老了。西边有个美国人。他的本地话讲得非常好。然后是一个美国女孩，但我认为她只会说英语，尽管她跟上帝亲近。然后是荷兰人。他们有孩子。"

"他们自己的孩子？"

"不。托拉查人的孩子，很漂亮。这就是我们互相收养对方孩子的原因。我小时候就被收养了。也许你会留在这里，娶一个托拉查女孩为妻并收养孩子。我有七个孩子，你也可以收养几个。"

"我会带走你所有的七个孩子，你就可以再多生几个了。"我们都笑了。我看着图里斯的耳朵，它们一点也不尖。我被误导了。

我们再次出发，车隆隆作响，向前滚动。司机利用停车时间修理了卡带播放器。播放器一遍又一遍地放着六首歌。车窗外，巨大的蕨类植物向我们挥舞着叶子。

到达马萨时，已经过了午夜，我们把车停在唯一的一家旅馆外面，那是一个木制的小屋，门紧锁着。我无助地站在外面。他们对我很同情。

"有人吗？"司机喊道，敲了敲月光下的门。连锁反应的狗叫声传遍了群山。他又敲了敲。房子的一个角落里出现了微小的、摇晃的灯光，并颤抖着靠近。司机用力地握着我的手。

"有人来了，你会没事的。睡个好觉。"

他猛地加速，轮胎发出尖锐刺耳的声音。我是唯一上门打扰的旅客。我听到一堆门闩被调整的声音，接着一张困倦的脸出现并盯着我。

"我很抱歉……"我开始说话。

"明天再说。"他说。说话太费力了。我捕捉到这样的画面——一排排瓶子和树干做成的凳子。我被带到一个垂直的梯子边，爬到一个松木做成的小房间。他一直等到我点燃蜡烛，才默默地走开。狗还在来来回回地叫着，争论谁应该叫最后一声。

第五章　马匹交易

旅行指南将马马萨描述为"蒂罗尔式的"[1]。它四面环山，但不是奥地利那种适合运动的阿尔卑斯山。马马萨的山是令人生畏的、树木葱郁的斜坡，其间布满了裸露的红色泥土。尽管如此，"蒂罗尔式的"这个形容词还是找得到依据的，山谷入口处的两座白色尖顶的木制教堂就是证明。山谷中的房屋沿着一条潺潺流动的小溪一字排开。马马萨看起来很干净，典型的乡村风格，而且凉爽。

　　但是，这里有旅行指南中没有提到的东西。在这个偏远的山谷里，有一个教会青年唱诗班的大会。

　　基督教是一个多面的宗教。它可能意味着烦琐的仪式、令人尴尬的情感、冷冰冰的禁欲主义。每种文化都从当地传播的宗教中获取它喜欢的东西。在西方传播古老宗教的过程中，有一个因素让托拉查人对基督教印象深刻——组建唱诗班的可能性。托拉查人的传统宗教在各种场合大量使用合唱，并有丰富的曲目。教堂唱诗和吉他让老树得以绽放新花。到了晚上，弹

---

1. 蒂罗尔，欧洲中部的一个地区，目前分属奥地利和意大利两国。

拨乐器和轻快的歌声在托拉查的镇上回荡。每个星期天，整个镇子都会因收紧的声带而颤抖。

　　早上总是一个人的文化相对性[1]受到严峻考验的时候，我们很容易产生排外情绪。因为这是一个偏见牢固、内心高度敏感的时刻，看到别人早餐吃大量的大蒜和米饭，总是难以接受。他们与外国旅行者分享食物时的开朗慷慨，在其他时候都会招人喜爱，但在早上，这就让你脾气暴躁和不快。旅店里挤满了漂亮的、笑吟吟的、友好得像小狗一样的年轻人，他们给了我大蒜。在我迫切需要咖啡时，他们笑容满面、兴致勃勃地为我唱了一首赞美诗——专为我而唱——震耳欲聋。年轻的女士们向我展示了她们的颤音是多么美妙。年轻小伙炫耀他们的低音共鸣和完美的牙齿。我觉得自己老旧、很脏、舟车劳顿——最重要的是，我觉得我被出卖了。因为我来到这么远的地方，并不是为了见基督徒——那些顽固地拒绝接受我向往的风景的人。托拉查人奇怪的风俗和怪异的仪式在哪里？这些人唯一古怪的地方是，他们如此和气，却又这么不显眼。

　　在另一边坐着两个男人，与唱歌的小伙子不一样，他们弯腰喝着咖啡，好像和我的感受一样：音乐烫着了他们的耳朵。我们默默地同情对方，互相做了个鬼脸。一个人热情地向树干做成的凳子伸出手。我加入了他们。

---

1. 文化相对性，即文化相对主义，是著名人类学家博厄斯强调的一种文化观，主张每一种文化都有其独创性和充分的价值，而且一切文化的价值都是相对的、平等的。

"你喜欢这音乐吗？"其中一个人问。

我说："声音有点大。"

"他们是基督徒。我想你也是基督徒。"

"勉强算吧。"他们俩是什么人？可能是古老的异教徒。[1]我眼前一亮。

"我们，"另一个人说，"是穆斯林。"

我问："你们是托拉查人？"他们惊恐地举起了手。

"不。我们是来自海岸的布吉人。我们是教师。"这个词就像手榴弹一样被扔进了谈话中。教师这个职业旨在唤起尊重，而不是像认识戈弗雷之后的反应。

另一个合唱团被他们同行的歌声召唤，出现在门口。出于基督徒团契精神，他们立即放弃了自己在唱的赞美诗，加入第一组的歌唱。此刻，我们正在用嘶哑的喇叭般的声音交谈。

"住在基督教小镇，没感觉到困难吗？"我问道。

"不。我们现在是一个国家。"潘查希拉[2]——国家意识形态的五项原则——正是人们对中小学教师的期望。

"只是偶尔会遇到麻烦。"他倾身向前，音量减弱为一种秘密的低语。

---

1. 指托拉查人的"祖先之道"，也泛指原生古老的泛灵论信仰。
2. 潘查希拉原则（Pancasila）。1945 年 6 月 1 日，苏加诺在"印尼独立筹备调查委员会"第一次全体会议上发表了著名的"建国五项原则"（"潘查希拉"）演说。五项原则的具体内容包括：信奉独一无二的神明、正义和文明的人道主义、印度尼西亚的团结统一、在代议制和协商的明智思想指导下的民主、为全体印度尼西亚人民实现社会正义。

　　"上一次是露天电影院放映那部反基督教电影的时候。"

　　"哪部电影？"

　　他摸索着，仿佛要把蜘蛛网从头发上扯下来。"那部将耶稣基督展示为一个肮脏、吸毒成瘾的嬉皮士的电影。"他们知道"嬉皮士"这个词。

　　"那部电影叫什么名字来着？"他问他的朋友。

　　"耶稣基督电影明星。"

　　"是《超级明星》吧？"[1]

　　"是的，就是这个。有争论说这肯定是其他宗教的信徒拍的。"

　　我停止关于宗教信仰的讨论，在一片乡村绿地周围闲逛。那里有一个足球场，山羊在咀嚼青草。一条路穿过稻田，沿着山谷的底部蜿蜒而行。长长的草在沙质土壤中生长，就像一幅19世纪英国乡村的水彩画。马闷闷不乐地站在田野里——马蹄后方的丛毛泡在水中——好像它们受到了惩罚一样。今天是美好的一天，稍稍有点热，柔和的风吹来让人感到凉爽。到处都是倾泻而下的水。山上有一些竹制的小风车，咔嗒咔嗒，呼呼作响。一个骑手骑着一匹小骏马走过来，马在他身下跳来跳去。我们互相笑了笑，我递了一支烟给他。他调整他的剑，找出一个古老的火石打火机。

　　我问："你从哪里来？"

---

1. 此处指的是英国著名音乐剧作曲家安德鲁·劳埃德·韦伯（Andrew Lloyd Webber）的音乐剧《耶稣基督万世巨星》（*Jesus Christ Superstar*），1971 年在纽约上演，1973 年被改编为电影上映。

他用大拇指向山里指了指。

"我去集市卖我妻子织好的布。"他指了指他身上那件褪色的橙色斗篷。

"她们还在那里织布？"

"是啊，如果你明天去的话，你会在集市上看到。"

我指了指风车："它们是干什么用的？"

他生气地看着群山："哦，只是一个玩具。给孩子们的。"

我们分开后，我走过一座带顶的木桥，桥两侧的座位像教堂的长椅一样凹陷下去。两个小女孩走来，以令人震惊的信任，一边一个握住我的手，像耶稣受难的图片里的小孩子一样。她们俩盯着我，杏仁般的眼睛清澈、天真。

"给我一些糖果。我想要钱。"

"甜食会腐蚀你的牙齿。"

一位在花园里干活的老太太赞许地咯咯笑着。"完全正确。她们应该感到羞耻。"她们看起来并不感到羞耻，而是"呸"了一声，笑着跑开了。

"日安，大娘。"

"日安。你住在哪里？"我回答了，接着我们沟通了通常要问的那些问题，"这条路通向哪里，大娘？"

"是进山的路。如果你愿意，可以去比图安。沿路约两公里处有一座漂亮的房子。你应该去那里。"

我一时冲动，指着风车问道："它们是干什么用的？"

她得意地笑了，露出红褐色的牙齿。"那些是利用风来清洁大米的。"

我继续前行，感觉自己越来越像童话里的旅行者。

这条路摒弃了英国乡间小路那样的所有伪装，取而代之的是鹅卵石路面，与两侧的香蕉林很不搭配。树林的上方露出一栋房子的屋顶，一个由木瓦片组成的厚重的弧形结构。

托拉查的房子很有名。它们是巨大的木结构建筑，用桩子支撑远离地面。整个结构连接巧妙，建筑表面是宏伟、精美绝伦的雕刻和图案：水牛头、鸟类、树叶。这些房子可能已有数百年的历史，是进行人际交往和维持社会关系的固定场所。它们都面朝北方——这是与祖先相关的方向。一根直通屋脊的柱子上堆放着在节日中被杀死的水牛的角。直接面对房子的是谷仓，有着相同的结构，但体积较小。在主储物区下方是一个平台，人们可以坐在那里进行小型的、不重要的活动。在这里，人人都可以闲聊和接待朋友，女人在此编织衣服，男人修理工具，客人能在此睡觉。

一群男人盘腿而坐，看着我走近。我们互相问候，他们请我坐下。再一次，我恨透了我的系带鞋，因为进入任何私人空间时，都必须费力地解开鞋带。在交换香烟并确定了我信奉基督教的英国人身份后，我们进一步讨论了一个惊人的事实，即英国没有水稻，所以英国人没有谷仓可以坐。我想参观一下房子吗？一张惊慌失措的脸从离地面约二十英尺的小窗口发现了我们，然后一溜烟地消失了。我笨拙地爬上梯子，经过一扇雕刻着水牛头的深色图案的门。

整栋房子被分成许多底框梁凸起的小房间，就像船上的一个个水密舱一样。两侧有一条开放的长廊——同样像船的甲板。难怪早期的旅行者向托拉查人说，他们的房屋是仿照某些原始移民的船只建造的——托拉查人现在已经开始相信这种观点；毕竟，这种事人类学家应该最清楚。百叶窗开着，透出一点微光，就像教堂一样，灰尘在照进来的光线中飞舞。古老的墙壁上装饰着从杂志上撕下的西方电影明星的照片，还有婚礼场景的手绘图，脸部因模糊变得鼓鼓的，无法辨认，仿佛只是根据描述画出来的。我们继续参观整个木屋。一只猫在一个房间烧火的灰烬里心满意足地打瞌睡。在另一个房间里，一根棍子状的手臂穿过覆盖着床的蚊帐。

"这是我的父亲，"男人解释道，"他想跟你打个招呼，但他病了。"

我握着那只粗糙的、又热又干的手，它的皮肤像纸一样薄。他的眼睛在黑暗中泛着红光，薄薄的白嘴唇嘟囔着寒暄的话。我们回到入口处的房间，坐在涂成蓝色的藤椅上。这样的房子是不能搭配家具的，加上家具后，房间就显得局促和笨拙。有人拿来了咖啡——令人难以置信的甜——红棕榈糖蛋糕并没有减轻它的甜腻。这些蛋糕是整个托拉查热情好客的象征。离开旅游的圈子，能遇到这些善良淳朴的人，感觉真好。关于我婚姻状况的话题又如期而至。在印度尼西亚，婚姻的绝对必然性使得人们难以理解未婚、离婚的状态。如果儿女们不愿意为自己解决婚姻大事，父母就会介入。我知道有些在欧洲的印尼人害怕回到家乡，即使是短暂的停留都不行，因为他们会被绑架，并被迫在一夜之间结婚。在人类学研究中，最有用的随身配件之一是放在钱包里的照片。照片上是一个金发碧眼的丰满女性，她的着装既端庄又不失魅力。这张照片就是让你摆脱各种困难或避免讨论婚姻生活的宝贵证物。照片上的人可以被解释为一个人的妻子或姐妹，甚至——考虑到来自其他文化的人无法准确猜测西方人的年龄——解释为这个人的女儿。这种欺骗的唯一问题是，你很快就会忘记自己在什么背景下该是已婚，什么时候该是未婚。当地报告人[1]也有相互交谈的习惯。仅仅出于这个原因，这种策略最好只用于偶然的接触，但当你根本不想再次说明欧洲的整个婚姻情况时，这可能是一个宝贵的捷径。不管怎样，对于一些温和的民族志调查来说，这是一个受欢迎的办法。

我说明了在英国男人不给妻子钱。是的，在托拉查的其他地区也是如此——尽管这里的人们尊重女性——这就是为什么布吉人喜欢与其他地区的托拉查女人结婚。在英国，男人在离婚时才付钱。这里也是如此。然而，在我的国家，如果一个贫穷的男人娶了富裕的女人，他可能会向她要钱。这些男人看起来很可悲。我们怎么能让一个阶级的人与另一个阶级的人通婚？这当然是行不通的。无论如何，为了孩子，女人绝对不能下嫁给比她地位低的人，因为这决定了其后代的地位。我们认真地

---

1. 人类学家进入田野场，开始进行数据搜集工作，会询问相关对象关于当地种种风俗信仰等问题，这里的访谈对象称为报告人。

分析了阶级和婚姻制度——这是一项艰巨的任务，就像挑鱼刺一样——这时我的报告人变得越来越困惑，说的话前后矛盾。谈话该停下来了，但他还想继续。

"等等，"他说，"我去查一下。"我猜他溜进了隔壁房间去问他的父亲，对打扰到这位可怜的老人，我感到一阵内疚。很快，他重新出现，手里拿着一本蓝色封皮的大书。

"这个给你。资料都在这里。"

这是他关于婚姻制度的论文，在乌戎潘当的大学里被审批通过。他是一位人类学家。

当我离开时，他拿出了一本访客手册，邀请我在上面写下我的名字、我对这所房子的看法，以及——小心的暗示——我对它的保养所做贡献的大小。我有点不满，又注意到一个月前有 30 名美国人类学学生组成的团体来过。我感觉到托拉查逐渐变得异常拥挤。对于期望落空，我有一种想要找回一点什么的冲动。我指了指山上的风车。

"那些是干什么用的？"我随口问道。他皱眉。

"很奇怪你会问这个。我注意到，不管你问老人多少次，似乎每次都会得到不同的答案。我认为它们只是收获时节里的一个时间标记，是更广泛的复杂系统的一部分，包括棍术和陀螺的使用，但它们可能也具有吓跑鸟类的功能。"我完全被打败了，我放弃了。

回到旅馆，年轻的基督徒们像晨露一样蒸发不见了。唯有凌乱的家具和略带刺鼻的呕吐物表明了青年人虔诚中的恣意妄为。我和屋主的家人是仅有的住户，还有一个游荡进来的聋哑人和一个不会说印尼语的日本建筑工人。这个日本人给我们看了催人泪下的家人照片，因为要来这里的公路上工作，他不得不离开他们。我很想掏出我那张金发女人的照片，但还是忍住了。房主的儿子用传神的手势与聋哑人讨论飞行的危险，同时我则做着这个男孩的英语作业。第二天，作业被大改了一番。里面充满了莫名其妙的问题，比如"月亮是出现在七点钟还是门后"。

与此同时，房主那个不听话的女儿整晚都在拔日本人头上的白发。她的浓妆艳抹，以及从巴厘岛带回的明显有一半欧洲血统的孩子——却没有丈夫，种种事迹都将她归入当地的"邪恶女人"一类。她整个晚上都故意打量着我，而我拒绝注意她的殷勤。

突然，她开口说："我有一个朋友，他很了解你。"

出于礼貌，我佯装感兴趣："在印度尼西亚吗？"

"是的，在印度尼西亚。他非常了解你。"人称代词没有透露相关人员的性别。

"你的朋友是男是女？"

她有意无意地笑了笑："两者都有一点。"她双手托着建筑工人的头。

异装癖？不会是雅加达剧院的女演员[1]吧？

---

1. 见本书第二章的哇扬戏。

她继续说："我的朋友想进一步了解你，让我转交一条信息给你。"她从日本人的头顶上扯下另一根白发。

我厌倦了这种越过日本人头顶进行的神秘交流。"嘿，"我说，"你的朋友是谁，到底是什么信息？"她咯咯地笑着，松开了手，那个日本男人差点摔倒在地板上。她飞舞着穿越房间，把一张纸拍在我面前。

"这就是信息，"她笑着说，"我的朋友是耶稣。"这是一张宗教传单。

在赶集的日子，山羊们不情愿地将足球场让出，用于摆放来自周围乡村的大量农产品。奇怪的块状蔬菜，看着像长满了癌细胞一样，以及大脑切片般的波罗蜜片，被堆积在苍白的、油腻发亮的小丘上。木制商店的折叠门打开了，里面陈列着来自中国和日本的廉价商品，鲭鱼罐头、香皂、火柴，还有钥匙圈（上面是女孩们被倒置时，胸罩掉下来的场景）。在人群的正中央，一个断断续续的声音从一个鸣响扩音器传来，引诱轻信者穿过障碍赛跑场地。如果你躲过绳索，跳过电缆，越过成堆的西红柿，跌跌撞撞地滑过污水池，就会来到比较安静的中心。

一个卖药的小贩在兜售药粉，声称可治愈从痢疾到不孕症的所有疾病。一时间，所有的女人都被打发走了，以便小贩提出"男性弱点"这个微妙的问题。人们关注的焦点变成一个骇人的塑料躯干，它的器官可以被挖出来展示正在讨论的疾病。为迎合大众的口味，这个人体是一位金发碧眼的西方女人，有着巨大的可用夹子固定的乳房，头发可以被一簇簇地拔出来，以便作为讨论头皮屑的辅助工具。

　　除此之外，集市展出的物质文化让人十分失望。我看到很多并不怎么样的布料在售卖，都是化学染料制成的。最贵的是人造丝。当我沮丧地透过一堆东西往里看时，忽然感觉到有人把手伸进衬衫下面开始挠我。我转过身，看到昨天遇到的骑手正咧嘴笑着。他以埃罗尔·弗林[1]般的姿态，将他的管状斗篷绕在脖颈，垂在背上，把我搂到他那边。

　　"如果你要买布料，"他低声说，"跟我来。"

　　很快，我们就到了一家咖啡店小木屋，里面弥漫着一股浓浓的丁香香烟味。顾客都是山里人，个子矮小、身体结实、头发浓密、面容憔悴。男人们把斗篷高挂在耳朵上，像蝙蝠一样。他们从桌子底下抽出一捆捆用绳子扎好的布，都是鲜红色和橙色的，带有条纹图案。颜色看起来很自然，之后会慢慢褪色。

　　"植物染料做成的。"我的向导一边说，一边用指尖抚摸着颜色。我们开始讨价还价。这种做生意的方式还是比较温和的。我再一次意识到，这里与非洲的讨价还价多么不同——没有侵略性，不用摆出愤怒的姿势。我们以一种奇怪的、彼此不感兴趣的方式来回还价，有点像品酒师在他们的味觉上挥洒酒液。很快我们就达成一致，我有了一件漂亮的新斗篷。但这次相遇又激发了我的另一个想法：我要租一匹马，然后骑马上山去。

　　人类学有一个传统，即研究者身体的痛苦程度，是衡量其

---

1. 埃罗尔·弗林（Errol Flynn，1909—1959），澳大利亚演员、编剧、导演、歌手。

收集资料价值的一个标准。和其他许多预设一样，尽管已经有了极好的反面论据，这种想法依旧根深蒂固。另一个想法是，在传统与现代交汇的复杂表面之下，隐藏着一层真正的民族志，即纯粹的未受腐蚀的印度尼西亚。如果你离城镇足够远，就会发现这样纯粹的印尼。从这个角度来看，骑马进入森林似乎是个好主意。

我一向不喜欢马。我骑马的经验不足，而且技术也不怎么样。马儿们凭直觉就知道你害怕它们。

在接下来的几天里，我花了不少时间与镇上的人交涉。就像你完全不知道什么是合理的价格，讨价还价的难度就会大大增加一样，当你对一匹好马应该是什么样子一无所知，甚至连目的地是哪里也不知道，要挑选出最好的马匹去远行是极其困难的。

人们告诉我，山上的村庄有古老的房屋，那里的人仍然是异教徒，铁匠还保留着奇异的风俗。似乎我所要做的就是向北走。我花了更多的时间寻觅马匹，想着最好避免找过瘦的或者背上有大块烂疮的马。直觉告诉我应该看看它们的蹄子，所以我在不知道找什么特征的情况下就这么做了。然而，马主们绝对早就预料到了。谚语告诉我，我应该不惜一切代价看看马的牙齿，我也这样做了。这很像过去的老办法。在我可能会购买的二手车的车主面前，我假装自己很有本领。然而马主们不知道的是，我早就放弃了评判马的所有希望。我所评判的是马的主人。

贩马商和二手车商之间显然有许多共同特征。这两类人中似乎都有数量众多的深藏不露的人物，他们身上藏着大量的现金。价格从来都不是简单明了的，包括现在需要付的确定的一笔钱、各种东西的折扣，需要仔细地计算才行。算术进入了陌生的新领域。我发现很难理解为什么一个人至少需要三匹马。直到最后一刻，我才发现一位商人提议向我收取额外的马鞍使用费。当我问谁负责马的饲料时，他们茫然地看着我。

"马吃草。"其中一位温和地解释道。那我自己的食物，向导的食物、毯子、香烟呢？他们耸了耸肩。那是由我决定的。至于向导，他们什么都不带、什么也不安排。他们将依靠我。

最后，我找到了合适的人选，他有个很酷的名字——大流士。他有着坦率的面孔、直率的眼神，头脑灵活——毫无疑问他是一个挺好的印尼人。我们蹲在我刚看完的马蹄旁，一起抽着烟。我解释了我考察的性质，他点头表示理解。山上有很多有趣的人，也有漂亮的房屋。我和他在一起会没问题的。他明白我初来乍到，需要帮助。马匹也很好。我想骑这匹马——看看它有多肥。我们可以明天出发，约定早上五点半在桥上会合。

第六章

这个小镇对我们俩来说不够大

清晨六点半，我仍然坐在桥下等待，这并不令我感到意外。"橡胶时间"[1]是日常生活中无法改变的现实，即使是印尼人也会拿这个开玩笑。将五点半表示为"差半小时到六点"（half-six）[2]的计时系统经常被误解，约定会面也困难重重。我站在桥下，因为此时正下着倾盆大雨，大滴的水溅落下来，才发现桥面上布满了洞。远处传来马具的叮当声，我满怀希望地抬起头，但来人并不是大流士。马在我身后的木板上打滑、抖动，我低头看着底下流动的棕色雨水。马停了下来，甩着头，鼻子喷着热气。

我转过身，看到一个面目略带善意的"小矮人"[3]，身上裹着林肯绿[4]的防水塑料布。沉默了一会儿后，他咳嗽了一声。我试着打了个招呼，如我所料，他几乎不会说任何印尼语，也没有牙齿。我又看了看那些马匹，小矮人看上去一脸疑惑。也许他

1. 源于印尼语"Jam Karet"，字面意思是由橡胶制成的一段时间，指迟到是普遍接受的事情。
2. half-six 既可以被理解为差半小时到六点，也可被理解为六点半。
3. 小矮人，神话故事中地下宝藏的守护神，装饰花园的守护精灵像。
4. 林肯绿，一种中等深浅的橄榄绿色。

想让我看看它们的蹄子。领头的那匹马看起来很像托拉查马通常的样子，矮小、毛发蓬乱、气鼓鼓的。它用审视的目光注视着我，嘴巴微微翘起。第二匹马驮着一大堆塑料桶，几乎看不见身体。第三匹马看着很熟悉，这肯定是被我选为坐骑的那个肥肥的野兽吧？

"大流士在哪里？"

小矮人的塑料雨披沙沙作响，他终于挣脱出一只手臂，指了指山上。他指着自己，然后指向我，最后指向同一座山的方向。

"他已经走到前面去了？"小矮人咕哝着表示同意。此刻，我真的感到了害怕，但只能继续前进。

我绕着马走了一圈，不知道该怎么上马。等一下，这里出了点问题——没有马镫。我转到马的前面想调整缰绳，发现连缰绳也没有。

我问道："我该怎么上马？"小矮人说了一阵模糊不清的元音，后面跟了个印尼语中表示"跳跃"的词。我跳了起来，最后趴在马的背上。马会自动知道什么时候有一个白痴在上面，它选择在这个时候离开原地，撞到了前面的马，前面的马一转身咬了回去。马鞍与我以前遇到的任何一种都不一样。它似乎由一捆木柴组成，做得很宽以分开双腿，上面覆盖着麻布。马鞍并不稳固，在我身下转来转去，我又被摔回地面。幸运的是，托拉查马的体型还没有西方马的一半大，所以我摔得并不远。不幸的是，前面那头畜生在倒退。它向我快速扑来，像跳苏格兰舞一样在我的头上跺着脚。此时，我顾不上检查它的蹄子，呜咽着滚开了。而小矮人正与一堆塑料桶纠缠在一起，嘴里咒骂着。

显然，这是一个重新控制局面并确定我们关系走向的时刻。在这种情况下，语言上的交流困难不算什么。我站起来解释说，我以前从未骑过马，需要指导。小矮人哼了一声。现在已经聚集了一小群看热闹的人——任何小事都可以吸引来这样的人群。幸运的是，托拉查孩子并不害羞，其中一个站出来并解释了骑马的基本方法。他大约十岁，带着傲慢的姿态纵身跃上马鞍，解释说必须用膝盖夹紧马鞍，双手抓住木柴马鞍的前端。在比较紧张的时候，比如渡河（我要过河吗？）时最好把手指伸进马的鬃毛里。这些马能听懂印尼语的"左"和"右"。

"谢谢。现在告诉我如何让马开始走——不，先告诉我该如何停下来。"他向前伸手抓起马前额上的一把毛发，扭着它的头喊道："停！"这似乎奏效了，这匹马完全顺从了。他轻快地从马上跳了下来。我试图模仿小孩的动作。就像假日营地中的一种可悲奇观——老奶奶被说服模仿年轻女孩的跳舞动作。孩子叹了口气，走到路边，掏出一把匕首，砍下了一根巨大的棍子。

"想让马走的话，你就用这个打它，并大喊'呜呜'。"我在没使用棍子的情况下尝试喊了几声相似的呜呜声。

"不，不是这样。呜呜。"他叫喊着，一巴掌有力地拍在马的臀部。马猛地摇晃脖子，颠簸着前进，我拼命寻找立足点或者任何能支撑膝盖的地方。人群发出欢快的嘲笑声。这个动作令马非常不快，它将整个身子抬高，柴鞍上快没有坐的地方了。

小矮人骑着马，和驮着塑料桶的马疾驰超过我们。看来这算是已经出发了。我看见小矮人在绿色塑料兜帽下幸灾乐祸地大笑着。

那天我们马不停蹄地骑了十二个小时。前方的道路绵延数英里，像一道道鲜红的疤痕横穿大地，真是令人沮丧。起初，我们沿着山谷的平缓轮廓，在细雨中穿行。很快，我们就开始往山上爬，之前能看见的田地逐渐缩小并消失。经过半个小时的稳步攀登，我们进入了森林。这不是我在非洲认识的阴凉的雨林，而是充满了湿热的蒸汽。每株植物似乎都长有锋利或带刺的叶子，人一不小心就会被割伤。在英国，人们要想很多办法才能令室内植物勉强生长。但在这里，它们长着浓密的绿叶，繁殖力惊人。你会感觉，如果你停下来，它们会蜂拥而至，将你团团围住。

在人走得比较多的小径上会有桥梁。如果不是在那样的路上，每隔几英里就会传来水的轰鸣声，然后是缓缓延伸的斜坡，马儿在潮湿的岩石上跳跃并滑行到河流边。每年的这个时候，河水较浅，不会高过马的臀部，马蹚入水中，摸索着穿过全是石块的水底。在低处，总有黑压压一大群蚊子或蝴蝶停下来，吸干你的汗水。

这匹马让我接受了微妙的考验。它很快了解到，当"呜呜"的叫声不能让它加速时，我就会不情愿地使用小树枝打它。它反而更放慢了脚步，磨磨蹭蹭。为了能使我们停战，我问小矮人马的名字。小矮人咕哝了一句"哇噢"。马听到后有了反应，并开始小跑。我开始摸到一点点门道了，下坡时身子向后倾斜，骑在上面会更轻松，爬坡时则应该向前倾斜。

我们一定是在慢慢爬升，因为天气越来越冷。雨越下越大。马背上开始散发热气。我很感激"哇噢"散发出的热量。小矮人停下来调整塑料桶，我找了个地方撒尿。我们分享了一根烟。我问大流士在哪里。

"大流士？"他指了指我们来时的路，手指挥舞着表示我们之间的距离，"大流士病了。"

"大流士在路上？"

他哼了一声。

"大流士不来了？"

他同样哼了一声。我在森林里，没有食物，只有一个无法和我对话的人，也不知道我们要去哪里。但他至少沉迷于一种目标感，有一种持续前进的冲动。他显然对我们取得的进展不满意，敦促我继续前进。他采取了一种新的策略，从后面跟着我——当我们骑马时——突然从后面打一下"哇噢"。马儿会疯狂地向前冲刺，威胁着要么把我掀下去，要么让我的脸陷入锋利的树叶中。我大喊大叫，最后设法戳了一下他的马，让它突然站立起来，令人满意。此后，他用邪恶、充满威胁的语气对着我的马窃窃私语，这招对于马一样有效。

一个又一个小时过去了。小矮人在森林中阴险地低语着，像一个沉重的呼吸者。雨下得更大了。水蛭从树上攀上我们，像缠结的珠宝一样附着在我们的脖子和手腕上。鲜血开始从被水蛭咬破的地方滴落。旅行指南说可以用香烟杀死水蛭，但质量上佳的卷烟头并没有杀死它们。偶尔，我们会透过树林瞥见一片田地，在这个海拔高度，我看到种植的不是水稻，而是生长在几乎垂直的斜坡上的木薯。

红色的土壤流淌着水，看起来闪闪发光又黏糊糊的。我想起了那本虚假的旅行指南中，建议旅行者背包在这片土地上漫步。我想象自己在越来越绝望和疲惫的情况下，在这些危险的山麓碎石上晃晃悠悠地滑来滑去。我们来到了一个村庄，但我找到一处休息之所的希望破灭了。这地方早已被遗弃，多毛的爬山虎，成群的蜘蛛，令人窒息。

我们沿着村里的主干道骑行，这条街曾经铺满了大块石头，结果被深入土地的植物撕裂或推倒。我们沿着一个巨大的阶梯拾级而上，有些阶梯高约两英尺。地面上到处都是被砸碎的石臼，如同发生了可怕的家庭纠纷。

是时候吃点东西了，但小矮人完全没有这个想法。他几乎连水都不喝，所以我在倾盆大雨中尽量不去理会自己的口渴，很快，头上一阵抽痛与马蹄的撞击声混合在一起。此时，我才想起，尽管我带了那么多药物，却忘了阿司匹林。

傍晚时分，我们来到一个高高的山脊上，这里有连绵不绝的森林，令人难以置信地向四面八方延伸。马马萨一定在后面的某个地方，但我完全看不见。一片孤寂而壮丽的稻田，像坐落于酒店屋顶的游泳池。在我所看到的植物中，只有水稻才有这样令人难以置信的浓郁绿色。山的一侧矗立着一栋精致又坚固的房子，房子后面冒出青烟，散发着烤咖啡豆的香味。孩子们从阳台上高兴地挥手致意。要是能下马站一会儿就好了。

小矮人喊了一声，骑到前面领头。难以置信的是，他无视房子，直接骑过去，再次进入森林中。小矮人说了一个我能理解的词，"terlambat"，意思是"太晚了"，因为我骑得太慢。我开始讨厌这个小矮人。

最后一个小时，为当天的痛苦增添了更多的绝望和折磨。雨水在我们周围的树叶间发出刺耳的嘶嘶声，在我们到达路边的一个破小的棚屋之前，天已经黑了。

我从来没有遇到过这样的情况：两个完全陌生的人在夜幕降临时到来，满身都是泥和血，他们还认为可以吃我的食物，并留在我的房子里过夜。我希望自己永远不要遇到这种状况。不同于招待我的这家人，我想自己不会像他们如此好客。一个年轻的农民和他的家人，被可以拥有自己土地的前景所诱惑，从炎热的海岸迁移过来。

这是一座现代的用木板做的房子，到处是让风可以进出的缝隙。虽然我们住在森林里，但除了做饭，没有人会在生火上浪费木材，所以我们穿着湿透的衣服坐在硬地板上瑟瑟发抖。是时候翻出我的马马萨斗篷了。虽然它被浸湿了，但至少可以挡风。我把自己埋在斗篷湿冷的褶皱里。

这位农民说印尼语。他说，在政府的鼓励政策下，他已经在这里住了三年，但过得很艰难。他们没有得到当局的任何帮助，政府的当务之急当然是完成清真寺的建设。在这寒冷的天气里，无论你做什么，一年都只能收获一季稻谷。他问我，是否听说过山上的另一群游客，有四个法国人骑着马四处游荡。夜幕降临，但主人没有钱买油灯。我们坐在黑暗中，脸被点燃的香烟的光芒间歇性地照亮。孩子们蹑手蹑脚地进来，身上裹着薄薄的斗篷。这不是第一次了，我感到自己很没用。我希望我也能吹笛子，或用他们低声交谈的语言说笑话。

主食是鸡肉——对于这样的农民来说，鸡确实是一笔财富。我对此心存感激——不像在苏联航空的航班上吃的炸鸡。鸡肉闻起来很香，但突然间我太累了，不想吃了。当我试着尝尝时，牙齿根本无法咬住它。我把鸡肉藏在斗篷里，以便第二天再处理。小矮人和农民就着大堆米饭，把剩下的鸡狼吞虎咽地吃完了。我想起了乌戎潘当的一家餐厅，在那里我被奉上一大锅米饭，即"一个人吃的量"。

一个小孩走进来，他一点也不拘谨，坐在了我的腿上。在黑暗中，我把鸡肉递给他，他在沉默中偷偷咀嚼。

接下来我知道的就是天亮了。作为客人，我一直因缺乏交谈和食欲而感到内疚。除此之外，还要加上在吃饭时睡着的罪过。每个肢体似乎都陷入了痛苦的痉挛，嘴里被通宵穿越英吉利海峡的厚重味道所困扰，感觉似曾相识。头痛消失了，但出现了一个新问题——眼睛看不见了。我可以区分明暗，但只能看到物体最模糊的轮廓。我的眼睛又热又肿，感觉有人正在用一根根热针刺入我的双眼。我的呼吸也有问题。我开始打喷嚏，鼻涕径直流出来，似乎没完没了，让我虚弱地喘气。我应该是得了肺炎。当我无助而恐惧地躺着时，一个人影进入了视野。听声音是那个农民。他在笑，实际上是在嘲笑我的痛苦。那一刻，我知道他给我下了毒。愤怒和自怜在心中交战，自怜的情绪占了上风。他伸手拿走了我的斗篷。他连我的死都等不及，就开始剥光尸体！我太虚弱了，无力反抗。他又咯咯地笑了起来。

"辣椒！"他说。

"什么？"

"辣椒。他们用辣椒给布染色。你千万不要穿没有洗过至少三遍的马马萨布料，或者最好是买不使用植物染色的新型布料。有一种新的光滑的布料。"我知道他指的是人造丝。

他把斗篷拿到一边去，开怀大笑。一个小时后，我洗漱完毕并吃了一些烤木薯。我的视力恢复了，又可以正常呼吸了，并感受到身体从疾病中康复带来的轻松和宽慰。只有小矮人看起来很不高兴。他和那些马都像在咬牙切齿。我没力气跳到"哇噢"身上了，而是费力地挪到木柴马鞍上。出于感激和宽慰，我大概给了那个农民太多的钱。告别时，他一巴掌打到马身上。马疯狂地向前冲去。新的一天开始了。

很难分辨接下来的四天有什么不同。这几天呈现出怪异得可怕的现实，马蹄的敲击声在我的脑袋内外回响。有时下雨，我浑身湿透；有时天气晴朗，又炎热难耐。马儿们也变得越来越暴躁，它们之间不时爆发争斗，造成非常多的不便。

小矮人拒绝停下来，对某种可怕又不确定的目的念念不忘。我发现托拉查人并不是过着高尚的民族志中那种朴素的生活。

事实上，随着我们深入森林，树木变得越来越密，人类定居点也越来越少，直到几乎看不到人。我们只是偶尔会遇到孤独的樵夫，他们不是蹲在破旧、漏水的路边棚子里，就是动手把原木锯成木板。在雨中的森林里，樵夫使用双人锯，处于锯子下方的那个人，没有谁比他更惨了，所有的木屑都洒在他脸上。但我无法与这些人交流，我认为小矮人也不能。我们一定跨越了一些无形的语言边界，陷入了完全的沉默，除了"哇噢"，它还在收到小矮人的低声威胁。有时我们在一个木棚中过夜，在充满锯末、烟雾和蚊子的瘴气中睡觉，夜间时睡时醒，因为总能听见锡罐窸窣作响。这是樵夫大脚趾上挂的一个吓跑动物的装置，用绳子操纵，制作精巧。我们以米饭和辣椒艰难度日。我几乎不吃东西了。

在最后一天，我预感有什么事情要发生。我们的孤独突然被一队反方向到来的人马打破了。我们走的道路被证实是一条更大的主干道的旁支。几代骑手在小路中央踏出了一条深沟。所有低于头部的树枝，都被不断往来的行人撞掉了。不幸的是，与大多数当地人相比，我的身高在上下两个方向上都延伸得更多，所以我被迫抬起双脚以避免碰到沟壑的边缘，同时要低下头避开树枝。再加上马匹之间不断发生争斗所带来的危险，这趟旅程变得愈发艰难。

印尼人靠左走。这意味着当我们沿顺时针方向爬山时，我们在靠外的一侧。如果遇到下山的队伍，那些马背上的煤油桶向外分开，就会不断碰到、敲打我们的马。我们装备不足，感到某种被推到悬崖边缘的危险。很多人在颤抖和叫喊，马在松散的岩石上打滑。我觉得怯懦是谨慎的最好表现。我从自己的坐骑上下来，徒步攀登。最高处是一个穿着鲜艳斗篷的中年男子，他一看到我就大笑，欢喜地跳上跳下。

"荷兰人！"他指着我喊道。

"托拉查人！"我回应，也指着他说。这是他听过的最有趣的事情，高兴地重复着他的舞蹈。经过几天的沉默不语，能与人交谈是件令人激动的事情。

"我以为你们是一群骑马穿越群山的法国人——八个骑着马的法国人。但只看到你一个。其他人都死了吗？"这听起来也很滑稽。

"你从哪来？"我直截了当地问道。

他指了指肩膀后面。"从北方来。"

"北方有什么？"

"两公里外有一座漂亮的房子，然后是小镇。"

我们一直在滔滔不绝，直到小矮人出现，赶着马走了过来。我的新朋友皱起了眉头。

"有一件事我不明白，"他指了指马匹，"你为什么要带着两匹公马和一匹发情的母马旅行——这不会让出行变得困难吗？"显然，原本应该检查的不仅仅只有马蹄子。

经验告诉我不要从地图上估计距离。要是能看看这个地区的木雕房屋是什么样的，就好极了。无论小矮人说什么，我都会坚持停下来，拿出相机。

然而，走了差不多整整两公里后，我们从森林里出来了。小矮人勒住他的马，伸出一只手，做出一种"就在这里"的手势，用男仆般的礼仪说出了他几天来的第一句印尼语："我们到了。"

我们站在一个完美的高尔夫球场中央，其柔嫩的表面，仿佛一个不友好的词语就能把它弄得伤痕累累。一群日本人惊愕地盯着我们，他们衣着得体，肯定是"休闲装"——短裤和格子衬衫。他们挥动符合人体工程学的推杆，示意我们从高尔夫球场周围绕过，而不要骑马直接穿过。他们对我们的外表一点也不感到惊讶，我们绕过草地边缘时，他们又回到了练习中，美国棒球帽的帽舌朝向要击打的球，似乎志在必得。

这座漂亮的房子并不是我想象中的古老的木雕住宅。它是一座美式平房，有闪亮的铝制屋顶和塑料地砖。然而，最重要的是，对于一个没有食物和饮料的人来说，这显然意味着某种俱乐部，或者至少是一个酒吧。我感到一阵短暂的莫名其妙的恐慌，害怕不打领带就不允许我进去。

亲身再现电影的老套总是一种乐趣。我们僵硬地往下爬，像罗伊·罗杰斯[1]惯常做的那样，拍打着衣服上的灰尘，然后将马拴在大楼前的栏杆上。我们像约翰·韦恩[2]一样迈着僵硬的双腿进入大楼，径直走向吧台。我的相机像罪状一样挂在我的脖

---

1. 罗伊·罗杰斯（Roy Rogers，1911—1998），美国演员、歌手。
2. 约翰·韦恩（John Wayne，1907—1979），美国演员，以出演西部片和战
　争片中的硬汉而闻名。

子上。

我没想到有人会听懂，但不知何故脱口而出。

"给我来几杯啤酒。"

酒保咧嘴一笑："好的，老板。你想要日本产的还是本地产的？"

"本地产的。你英文讲得很好。"

"当然。我跟加拿大人在北部的镍矿一起工作了三年，我的英语说得还不赖。你和那群骑马的法国人是一伙的吗——十二人，带着三名向导？"

"不是的。这是什么地方？"

"是个咖啡种植园。这里的日本管理人员都是外地来的，在这里加工咖啡豆。你来自哪里？你的口音挺有趣的。"

"从马马萨来，我们骑马翻山越岭。"

"你疯了。为什么不像其他人一样坐卡车来？"

"乘卡车？"恰好在这个时候，像接到了信号一样，可以听到外面有辆卡车正在倒车的声音。

"哦。"小矮人正大口喝着啤酒，做出询问的手势想要更多的补给。我感到要是我被惹毛了会非常生气。

"来这里的都是日本人吗？"

"一些人在无线电台工作。他们把所有时间都花在通过卫星观看泰国色情电影上，所以来酒吧的不多。"

在他头顶上方的墙上，有一个用英文仔细书写的牌子，上面写着该俱乐部的规则："果岭西边的棕榈树和动物的粪便一样，都被视为自然灾害。"

"有地方住吗？"

"当然。主街道上有一个廉价的家庭旅馆。"

我领着"哇噢"沿路走，有一排临时搭建的房屋，周围弥漫着边境的气息。没看到人丢弃动物。[1]

从一堆啤酒瓶和挂在栅栏上的一排床单，可以轻而易举识别出这家"廉价旅馆"。随着付钱时刻的到来，小矮人和我终止了我们之间的协议。当我从口袋里取出大卷破烂不堪的钞票时，有一只水蛭舒服地依偎在中间，像是高利贷的象征。

这家店是一个看起来很沮丧的华人经营的，他不断增多的家庭成员扩展到了所有的房间，因此增加了支出，减少了他的收入。

新增成员是一个骨瘦如柴的儿子，他从建筑专业学成归来，住在一个阳台上，绘制那些永远不会建成的摩天大楼。他有一台音量很大的盒式磁带放录机，当用它听流行音乐和基督教布道时，他同样享受。

没有多余的房间给我，所以为了尽量减少对家庭的影响，我被分配了一个房间的部分地板，除此以外，房间里还有傻笑的青春期女儿们。四柱床周围的帘子挡住了我无礼的目光。不断有人进进出出，以至于我永远不知道房里有多少人，帘子随

---

1. 原文为 "No one seemed to be dropping animals"，而墙上英文标语是 "The palm-trees to the west of the green are to accounted a natural hazard as are the dropping of animals"，Dropping 也可指动物粪便（此时通常为复数）。作者在这里用了一种幽默的写法。

着女性的动作舞动和隆起。

这些干扰对于时钟来说不算什么，电子钟会在整点鸣响，类似于英国战舰发出的那种声音。当我向店主提起这件事时，他的脸上洋溢着自豪。

"我儿子弄好的，"他说，"之前家里太安静。"

想好好睡觉已经没了希望，我去找小矮人。他的油桶里已经装满了煤油，并立即启程返回马马萨。至于我，我想我还不如走那条汽车路，继续前往兰特包。[1]

---

1. 兰特包，南苏拉威西省的一个城镇，北托拉查县的县治所在，是托拉查人的文化中心。

第七章

关于大米和人

当卡车驶入兰特包时，我首先看到的是一座被涂成浓郁绿色的清真寺，装饰着一个用铝板打造的圆顶。现在是斋月，直到黄昏，穆斯林都不会进食或喝水。里面传来虔诚的喃喃自语。仪表盘上有一张贴纸，上面写着"基督为你的罪而死"。还有两张辅助图片，分别是穿着暴露的女孩和一个喝黑啤的男人，暗示了那些罪可能是什么。

自从马马萨骑马奔波的旅途后，我感到非常烦躁——又冷又饿又疲惫，不知道什么可以让我恢复到健康、自如的状态。

集市附近有一家小旅馆，小巧、干净、便宜，可以为精神上的愤怒提供慰藉。花园中央矗立着一座托拉查谷仓。这种美丽的建筑遍布山腰。仓体立在几根巨大的管状腿上，离地面大约25英尺高，谷仓周身遍布丰富的雕刻和彩绘。精彩之处是屋顶——一个竹瓦制成的优雅的凹形曲线，像海军上将的帽子一样前后突出。谷仓下面是平台，这是托拉查村庄最重要的社交空间。谷仓下十分凉爽，总有一个方便后背靠着的地方。我脱下鞋子，靠上去打起了瞌睡。

我们永远不知道等待我们的是什么样的命运，也不知道在什么时候偶然的机遇会进入我们的生活，而事后我们会将其重新注释，包装成自己本来的打算和计划。当我坐在印度尼西亚中部一个谷仓的平台上，感到身心都很愤怒的时候，命运决定给我送来一些我根本没想到的东西——一名田野调查的助理。他不是从一股青烟中蹦出来的，而是穿着服务员的制服。

"你好，老板！"我勉强睁开眼睛，看到一个黑色的小人影，正笑得合不拢嘴，他把一个托盘抛向空中，另一只手的手指伸开又接住了它。他把它丢在地上，发出哗啦啦的声响。

"要喝啤酒吗？"

"好的。"他哼着一首令人不适的流行歌曲走了，边走边踢着托盘，随后又带着一瓶啤酒回来了，夸张地挥动着手腕打开啤酒瓶，这样瓶盖就被推到空中，落下来时又被巧妙地抓住。把瓶子递给我，然后他滑向谷仓。

他问道："你有烟吗，老板？"我掏出一支烟。

"你从哪来？我叫约翰尼斯。"我们开始了惯常的枯燥冗长的一连串问答。另一个服务员冒了出来，打着哈欠挠着痒，好像刚从长达十年的睡梦里醒过来似的，在谷仓里坐下。很快厨师也加入了我们的行列。

他们宣布，"老板今天不在"，并盯着我的啤酒。很快，我们开始玩纸牌——一种有点像多米诺骨牌的游戏——并分享啤酒。一个孩子骑着破旧不堪的自行车进来，又被迅速拉下来，坐在了一个人的大腿上。

"这是我的堂弟。"厨师解释道。一个胖子——也是邻居——

拖着脚走进来看报纸。他是一位非常富有的基督徒女士的司机，这位女士使基督徒前往圣地朝圣成为时尚。他大肆猜测她的私生活。

"我们来点棕榈酒吧。"远处的一个人说道。他是餐厅老板的儿子，显然是跟那些不法分子混在一起的。很快，装着棕榈酒的冒泡的竹管出现在周围。约翰尼斯挑剔地坚持要先把酒转移到一个搪瓷茶壶里，然后再倒进玻璃杯里。

我于是听到了关于多种棕榈酒的即兴介绍。我们尝试了很多种，浓烈的和清淡的，一种加入红树皮酿造的，新鲜的或一天前的。这是一种极好的泡沫酒。用刀刺一棵棕榈树，从汁液中提取一种有益健康且令人陶醉的棕榈酒，也许是迄今为止关于仁慈神灵存在的最有力的论据。树液中的糖分由天然酵母发酵而成。酿造时间越长，糖越少，酒精越多。除非被做了手脚，否则它非常纯净——它已经被整个树干过滤了一遍，唯一的缺点是有很强的泻药作用。

他们问我："你喜欢这种酒吗？"我表示喜欢，并得到了鼓掌和拥抱的奖励。谈话往更具哲理意义的方向转变。印尼电视台发现可以廉价地抄袭英国电视台，因此人们往往对英国有许多看法。大家对撒切尔夫人进行了长时间的讨论，发现她很强悍、令人赞赏。在印尼政治中，无论其目的是什么，力量本身就是好的。还有，她很漂亮。奇怪的是，即使在这里，英国王室也是关注的焦点。尽管这种热情超出了人们的理解，但最近安德鲁王子的婚姻还是备受赞赏。人们普遍认为，与此相关的男性角色查尔斯王子娶了第二任妻子，因此他一定是皈依了。但现在魔鬼似乎牢牢地扼住了我们所有人的脖子。

"我们去斗鸡吧。白人喜欢斗鸡吗？"

"在过去，"约翰尼斯解释说，"这不仅仅是一种娱乐。如果你和某人起了冲突，你可以选择通过斗鸡解决争端。"

我们被带到一些房子后面，又穿过一个院子。厨师似乎走路有困难。躲过那些晾晒的衣服，我们来到一个宽敞的空地，大约有五十个男人和男孩在场，他们都在偷偷地四处张望。有个人走过来向约翰尼斯提出抗议。

"他们不喜欢这里有游客，因为是非法的。但我解释说你是朋友。别在意，那个人是一名警察。"

人群分成很多小堆，谈话越来越热闹。钞票四处甩荡。有人开始大喊大叫，用草帽收钱。两只巨大的、羽毛光亮的公鸡从纱笼底下被甩到场地上，不停地整理着自己的羽毛。凶猛的钢刺附着在它们的裸爪上，主人戳刺这些公鸡，以激发它们的敌意。然而，它们似乎是特别和平的禽类，远没有托拉查马那么好斗。它们互相咕哝着，敬慕地互相揉着脖子。不需要太多人类学或弗洛伊德式的天赋，就可以看出公鸡的雄性气质与其主人的男子气之间存在关联。托拉查人显然也做出了同样的联想。窃笑声爆发了，主人们开始脸红了，他们的脸变成了更深的棕色。约翰尼斯用一只胳膊搂住我的脖子，咯咯地笑着，伸出小拇指并暗示性地垂下。其中一只公鸡的主人大汗淋漓，开始用手扇这只黑鸟。突然，它尖叫了一声，冲向了空中。经过

一阵短暂的、无效的羽毛抖动，两只鸟好像都想飞到空中，但
它们太重了。鲜血从对方胸口的羽毛中渗出，一只鸡倒了下去。
胜利的黑公鸡兴高采烈地踩在战败的对手的尸体上。战败的鸡
像一捆柔软的破布一样躺在地上一动不动。原本让主人感到自
豪的对象，现在变成了尴尬。男人之间爆发了争吵，挥舞着拳
头，大喊大叫。戴草帽的男人把草帽、钱和所有东西一起往头
上一扔，然后像岩石一样冷酷地站着，双臂交叉在胸前。

“他们想拿回自己的钱。”约翰尼斯解释说。

“为什么？”

“那个人把一个辣椒碾碎塞进了他的公鸡的屁股。”

“哦，我明白了。”

那个警察从人群中走出来，开始了一段温和的哑剧，颤抖
着举起手指祈求，仿佛要扑灭火焰。

“现在他想要钱，”约翰尼斯高兴地说，“你能想象有人会把
钱放心托付给警察吗？”

胜利者从绳子上拿起衣服，开始夸张地用桌布做手势。

“他想要死鸡的腿。这是他的权利。”

战败鸡的主人抓着鸡腿提起死鸡，往对手脸上挥舞。

“现在他想为他的鸡要钱。”

一个女人出现并开始对他们所有人大声喊叫。

“她想干什么？她也参加赌局了吗？”

“不。那是她的桌布。”

兰特包几乎没有夜生活，大多数房屋在八点钟之前就关门

了。集市上有奇怪的夜猫子购买肥皂或食用油。偶尔，电影院会提供一些娱乐，例如《浸泡在泥中》，这是一个"夜蝴蝶"[1]式的软色情故事片。除此之外，只有十字路口可以作为夜间活动的焦点。在这里，人们裹着斗篷，呆呆地坐着，凝视着空荡荡的街道。三轮车司机在他们的座位上打瞌睡或互相开玩笑，所有的公共汽车在夜幕降临时——大约六点——停止了喧嚣，不再接待乘客。

一两盏路灯投下微弱的光芒，照亮了成堆的蔬菜垃圾，这是白天买卖蔬菜留下的。狗以不顾一切的乐观态度埋头于这些蔬菜垃圾。成群结队的学童像飞蛾一样聚集在灯光下——不，不像飞蛾——男孩成一组，女孩成另一组，他们互相注视着，带着因无知而产生的兴奋。

当天晚上我经过时，一个孤独的身影从一群人中闪出，他穿着高中生的单薄衬衫，和我打招呼。

"你好，老板。你去哪里？"

"约翰尼斯！你怎么穿着校服？"印尼人的年龄总是很难确定。之前我认为他年纪太大了，肯定不在上学了。

他向我挥舞着一本《生物学导论》。"我家里没有电，他们抱怨我只是为了读书而烧煤油，所以我只能在这个路灯下学习。"一股后帝国主义时代的内疚感涌上心头。我想到了自己的世界里有床头灯、奖学金和图书馆。

---

1. 与色情有关。

"你还在念书吗？"

他叹了口气。"我原本应该结婚了，但是，是的，我还在念书。我不得不经常中断读书，回稻田里干活，或者在酒店打工来赚学费。要读完可真漫长。再过一年，我就能毕业，然后就可以找工作了。"

"什么样的工作？"他看着我，好像我很生气。

"任何工作。我的父母太老了，不能下地干活。我们做儿子的必须帮忙。"

"你明天上班吗？"

"不。明天我去参加葬礼。"他似乎对明天要做的事感到高兴，"嘿，你为什么不一起去呢？"

"葬礼？人们不介意陌生人去吗？"

他笑了："不。拜访的人越多，主人越有面子。我们一起去。我不想去酒店。我可能会见到老板。你明天八点到这里，我们一起找一辆卡车。记住，穿黑色的衣服显得礼貌。"

我被公鸡的打鸣声吵醒了。我的罪恶已自食其果。旁边传来低声叫喊声、关门声，老板回来了，我们前一天的放浪形骸并没有被发现。一种闷热的罪恶感，战战兢兢、如履薄冰的气氛笼罩着整个旅馆。我没吃早餐就溜出去了。

约翰尼斯身穿印有"天生赢家"字样的黑色T恤和一条标有"平·克劳斯贝"[1]的牛仔裤。我唯一拥有的一件黑色衬衫是从泰

---

1. 平·克劳斯贝（Bing Crosby, 1903—1977），美国流行歌手、演员，曾获第 17 届奥斯卡最佳男主角奖。

国计划生育运动中得来的，上面展示了"三个智猴"[1] 拿着的避孕套。约翰尼斯向我保证穿这个没有问题，因为政府正在推动计划生育政策。人们会认为我是某个部门的大领导。

托拉查的葬礼本质上是欢乐的仪式，至少在后期的阶段是这样，因为悲伤早已过去。在所有葬礼资源都完成调动的时候，尸体很可能已经保存了好几年，远在国外的人们也返回了。长期以来，移民海外一直被看作对山区严酷生活的一种回应。但托拉查人总是会回到家乡——尤其是在这样的"节日"里。

按照当地的标准，这只是一个小活动。一些葬礼花费数十万美元，连大使和内阁部长都会参加，但这次只是本地活动，参加的都是家人、朋友和邻居。卡车在柏油路的尽头把我们放下。我们沿着滑溜溜的小径步行了几英里，颠簸的路面说明了这场葬礼是多么受欢迎。我挣扎着穿上鞋子。约翰尼斯咧嘴一笑，脱下人字拖，用张开的粗糙的脚趾紧紧抓住大地。

我们和其他一群人一起艰难地上山，他们背着我永远无法承受的重物。长长的竹管装着棕榈酒，泡沫轻轻溢出。两个人腋下夹着用藤条环做成的手提袋。六个人抬着一头巨大的母猪，母猪的肚子在地上拖着，尖叫、挣扎。所有人都在大笑大喊。

"他们会有肉吃，"约翰尼斯解释说，"在托拉查，我们很少有机会吃到肉。通常，我们都是吃米饭和辣椒。"我想到了从马

---

1. 三个智猴，三只小猴子一只捂着眼睛、一只捂着耳朵、一只捂着嘴，源于日本，从 20 世纪初开始在英国流行。寓意为"非礼勿视，非礼勿听，非礼勿言"。

马萨出发的路上那些难以下咽的饭菜。

远处传来锣声和欢呼声。转过一个拐角，视野顿时开阔起来，整个山谷直到节日现场一目了然。车队顿时停了下来。一座两层楼高的谷仓已经竖立起来，看起来很像电影布景，使传统房屋相形见绌。上面涂有现代有光泽的涂料，在阳光下闪耀着。长长的布在杆子上飘动，在屋子木桩周围沸腾的人群上方蜿蜒伸展。空气中弥漫着浓郁的木柴烟。房屋对面是稻谷仓，在成群结队的宾客身下不堪重负。

"哇！"约翰尼斯兴奋地指了指，"斗牛。"

这不是我想象中的斗牛，不是全副武装的人对抗驯养的牛，而是两头巨大的水牛在较量，像相扑选手一样气喘吁吁。牛主人通过牛鼻子上的绳子费力地指挥进攻。牛角上装饰着红色的流苏。和斗鸡一样，秘诀就是互相推搡，直到它们发脾气，缠斗在一起。主人们不得不躲开，但必须看起来好像是随意地走到一边。牛头强力撞击在一起，角对角，骨对骨。人群发出了怒吼。角推撞、缠绕在一起。两头中较大的那头牛突然崩溃了，像一个悲伤的妇女一样逃跑了，冲散了在它面前的一群小男孩。令他们高兴的是，败牛的主人原本盛装打扮，也一头栽倒在泥里。冲锋的水牛转过身来，原来是一个顽童在朝它扔土块。男人站起身来，带着责备的目光看向自己野兽的眼睛。

"你看，"约翰尼斯挺起胸膛说，"一头是大牛，但小的那头却更加勇敢而坚韧。就像你和我一样！"他拍了拍我的背，笑了。

我们来得正是时候。每个门口都有一张发红、宿醉的脸向我们张望。孩子们在盛装食物的建筑物之间可怜地徘徊。沿街兜售的声音，还有清嗓子和擦鼻涕的声音从四面八方传来。孩子们挥手叫道："先生，您好！"

约翰尼斯去问路，我们被引至其中一栋房子。一个满脸皱纹的小老头在楼上盘问了一番，随后从陡峭的梯子上下来。他穿着长裙优雅地下楼，像是练习初次参加上层社会社交活动的少女。这个人是这项艺术的大师。他一只手托起黑色纱笼，脸朝前走下来，不知怎么用脚后跟勾住了梯子。我从包里拿出的一包香烟，消失在了他衣服的褶皱里。"十五号！"他说。所有的建筑物都被编号了。

十五号的住户是一群活泼的人，与约翰尼斯有远亲关系。他们已经开始喝棕榈酒了，编织物做成的墙壁吸收了丁香烟的宜人气味和喧闹作乐的痕迹。他们开始了长时间的谈话，过程中约翰尼斯变得越来越安静，并开始脸红。随着他越来越安静，其他人的笑声也越来越大。角落里的一群老太太捂着嘴巴嘀咕着。约翰尼斯拒绝透露谈话内容。

然而，他的朋友们渴望为我翻译，这让他更狼狈。

"是关于竹子的事情。"他们互相推搡，解释道。竹子？

"是的。你看，在这样持续几天的节日里，我们有机会在天黑后见到女孩——她们来自远方。有时，如果她们愿意，会单独与我们见面。约翰尼斯上次在竹丛里遇到一个女孩。但是竹子会让你发痒——你知道。你得抓挠皮肤。女孩的妈妈发现女儿背上有伤痕，就打了她。"说的人拍了拍手，"这里很精彩！她大哭！但她很聪明，没有说出约翰尼斯的名字。她只说是去闻花香的。"闻花香？

"是的，"约翰尼斯痛苦地说，"我的姓是邦加，意思是'花'。'闻花香'和'亲吻邦加'——这在我们的语言中是一样的。"他看起来像失恋了一样，突然间声音很微弱。

一个小孩出现在梯子的底部，朝我们满脸堆笑。约翰尼斯看起来很生气，打了他一巴掌。这个面黄肌瘦的小孩手中，拿着前一天被杀死的公牛的外生殖器。通过将手指插入关键点，他能够制造出突然而令人震惊的勃起，并在客人面前挥舞。

"来吧，"约翰尼斯坚定地说道，"我们去看看逝者。"

死者似乎是位女性，死后被放在屋里将近四年，腐烂的汁液被大量的包裹物吸收了。当然，装着尸体的大捆包裹物没有散发出难闻的气味。

"现在他们用医院里的福尔马林作弊。"约翰尼斯说。

尸体被存放在房子的前室，墙壁上覆盖着华贵的布和拼布工艺的被子。尸体的外罩是鲜红色的，颜色和停在旁边的儿童三轮车一模一样。约翰尼斯忽略了尸体。

"那是一辆很好的三轮车。"他说，"看。"他按下一个开关，它开始发出警笛声，红蓝灯闪烁。"哇！"

一个男人靠在尸体上，抽着烟，不时起身敲锣。这就是我们在山谷对面听到的声音。"你知道，不是任何人都可以这样做。"他带着停车场管理员的权力感说道。

当一具尸体展示在面前时，人们很难知道怎么做才是合适的。赞美不行。应该对身体的大小发表评论吗？把自己限制在关于英国王室、工业奇迹之类的空洞问题上似乎更好。寿命是多少？如何死亡的？死者的宗教信仰？礼貌而略带印象的关切似乎是应该表现的情绪。

一个年轻人走进来，伸手够到尸体后面，探着身子，几乎要趴在上面，去拿存放在那里的磁带。他把磁带放在尸体上，又四处摸索找出一个大的黑色播放机。他插入磁带，开始跳舞，臀部随着萨克斯管响亮的声音而扭动，是迈克尔·杰克逊的歌。磁带像五颜六色的祭品一样散落在尸体上。在死亡面前，人们明显缺乏敬畏和虔诚。

房顶上传来持续不断的敲击声。我抬头一望，雨水正在敲击镀锌的铁瓦。在过去，应该是竹瓦上的轻柔啪嗒声。

"是的，"他说，"他们是这里的富人。好消息是，如果你没有传统的屋顶，你就不必把所有的钱都花在仪式上——杀猪之类的。这为孩子们的教育留下了钱。"显然，这是约翰尼斯生活的一个主题。

外面传来一阵刺耳的噪声。舷窗式的窗户被推开，下方可以看到一个身材魁梧的华人，穿着整洁的短裤，通过便携式扩音器大喊大叫。让人印象最深刻的是他那巨大的肚子，看起来更像是一个可选的、附加的配件，而不是他身体不可分割的一部分。渐渐地，我们才发现他在用法语大喊大叫，而他的身后有二十多个白人在艰难地行走，他们都在大声地抱怨着。后面有三四个印尼人，看起来在紧张地抽搐。

"哇！"约翰尼斯高兴地说，"游客！"

他们像入侵的军队一样进入村庄，将相机镜头推到人们的脸上，未经邀请就穿鞋子坐在谷仓上。他们什么也没给，只是大声宣布他们觉得不好玩儿，感到很无聊。托拉查人惊愕地互相看了看，给他们安排咖啡。大多数人拒绝了。然后托拉查人拿出了米饭。

"我们不吃米饭！"一个脸色涨红的女人喊道。

另一个游客试图购买一块布，她抓住房子前面的纺织品，人们通过翻译人员向她解释说，这是借来的传家宝，是非卖品。她阴沉着脸，大步走开了。

约翰尼斯和我回到十五号房子，缩在阴暗处，但被导游发现了。一个人走过来，愤怒地瞪着约翰尼斯。

"你没有许可证。你为什么要当导游？"

"我是托拉查人，"约翰尼斯反驳道，"你来自哪里——巴厘岛[1]？"

"是这样的，"我插话道，"这个人不是我的导游，他是我的朋友。"一阵惊愕的沉默。像我这样直截了当说出一些本应该用手势表达或留作含蓄的事情，这感觉很荒谬。然而，正如我所说，约翰尼斯确实是我的朋友。有一次，我在一个非洲村庄生活了大约十八个月，但没有遇到一个我可以称之为朋友的人。

---

1. 印度尼西亚岛屿，西隔巴厘海峡与爪哇岛相望，旅游资源丰富，尤其以自然景观闻名。

但在这里，交朋友似乎是不可避免的。这是对非洲的某种无意识偏见吗？这不太可能。那么，是因为在非洲那个地区，没有与我们概念相一致的友谊观吗？在非洲村庄，一个人的朋友不可避免地是那些与他共同接受割礼的人。在他们的文化里，没有预备好同无关的人见面，并能感受到相互间的亲和力与同情心。在托拉查，家庭的纽带很牢固，可以说牢不可破，因为它超越了死亡。然而，也有友谊的空间。仅仅是因为在非洲的那个地区，人们倾向于以令人尴尬的恭顺或傲慢的敌意接近你，而托拉查农民会直视你的眼睛并平等地与你交谈吗？或许只是一张白色的脸引发了不同的文化期待——一段不同的殖民历史。不管是什么，这感觉非常真实。

锣鼓声震耳欲聋。一个法国小孩闯进了房子，在短短几分钟内就对这台陈旧的乐器造成了多年使用才会出现的磨损。雨又开始下了起来，雨滴又大又密，但客人们仍在三三两两地赶来，还有更正式的代表团。代表团的人们在村子外集合，并进行了初步的打扮，现在正被一些装扮成战士、头戴角盔、挥舞长矛的男人搭讪。他们发出悠扬的欢呼声和吼叫声，面对来访者，引导他们献上祭品并入座。更前卫的来访者购买了配套的T恤，正面印有他们村庄的名字。作为仪式的一小部分，猪被粗暴地拖来拖去，而水牛则以极具风格的方式游行。优雅的女士们带着槟榔和咖啡四处游荡。一个拿着笔记本的人走过来，记录下这些来访者献上的祭品。他满意地点点头。

"当他们村里有节日时，我们也会回赠这些东西。"他向我解释道。

"只有其他村庄的人才给吗？"

"不。每个人，本村庄的朋友、孩子们都会给。如果他们想继承稻田，他们必须给水牛。不给水牛，就没有稻田。"

"你的村子里的人给了什么，约翰尼斯？"

"哦好吧。我们不是那么亲近。而且，我们已经没有水牛了。我哥哥刚从乌戎潘当的大学毕业，花费了十五头水牛。如果不是因为种植咖啡的收成，我根本上不了学。"

一栋房子的后面传来了洪亮的重击声。

"啊，你会想看看这个的。"他带我过去。妇女们聚集在一个空的米臼周围——是用一个巨大的挖空的树干做成的，她们黑色的衣服随着连续砰砰地猛击而飘动。在一位严厉的女士指挥下，她们用沉重的杵在木头上敲打出快速的节奏。

托拉查的节日被严格划分为两类：东方的与生有关的节日、西方的与死亡有关的节日。大米与生命息息相关，因此近亲在哀悼时必须舍弃大米。空的米臼向世界宣告了这种自我否定。具有讽刺意味的是，它也充当了某种晚宴的锣鼓。女士们开始把肉和米搬进住处，或者在装满甜咖啡的桶下摇摇晃晃地走来走去。为了纪念这一场合，大米在地板中央被堆成一团闪闪发光的红色。

"用鲜血煮沸。"导游用法语向隔壁的游客宣布。高卢人发出了厌恶的叫喊声。我翻译给约翰尼斯听。

"他说错了。米长出来就是红的。"

"用猪血和水牛血，有时用狗血。"那个声音威严地继续说道，现在可以听到那些尝了这些米的少数法国人在干呕，"它在夜晚凝结，然后被舀起来烤。"一个女人无力地说道："不。"

"他们切开动物的喉咙，用长竹管把新鲜温暖的血液接得一干二净……"

一个男人用法语说："我一直在看这种棕榈酒。它看起来有点粉红色。你不应该……"

约翰尼斯端上了一盘水牛肉和肥猪肉，很难咬动。我勉强吃了在盘子一端的一个煮鸡蛋。一个美丽迷人的女孩来收拾盘子，她有着长长的黑发和完美无瑕的黄色皮肤。

约翰尼斯呆呆地看着："我去帮她。"

接下来的一个半小时，我都没有看到他，不过后来他回来好心地要把我带到田野里，那里矗立着的巨石像好似小型的巨石阵。

"来吧。他们准备杀一头水牛。"

一个用发带绑着长发的男人牵着一头水牛，一边跳舞一边摇晃着它的头。在正式仪式之前，总有一种漫长而莫名其妙的延迟。法国人再次出现，激动不安地抱怨着。他们指着我。

"看。他先来了。啊，这些导游。"

拿着笔记本的人过来了，像个会计师一样检查这头水牛。他又查了查笔记本，开始对那个带来野兽的人进行长时间的审问。最后，牛被带走了。

"哦，该死。去他妈的。"

在无休止的拖延之后，两头较小的水牛被带了回来，拴在木桩上。会计忙着做笔记。一脸淘气的孩子们带着尖竹筒走了上来。那个携带便携式勃起工具的孩子，带着简单的自豪感向法国女士们展示了它。

"啊。恶心！看起来像你，让。"

一位年迈的绅士，在岁月的重压下腰已经被压弯，他走过来开始了一段很长很慢的演说。

"他是一位'to minaa'[1]，是旧宗教的大祭司……"法国导游解释说。

约翰尼斯哼了哼："他只是一家之主。"

法国人对曝光和角度过分讲究。

"……千年不变的颂歌……"导游说。

"他正在解释他是位基督徒，所以他不会吃这些肉。"约翰尼斯纠正道。

"……讲述过去的神话……"导游说。

"……还有圣母玛利亚。"老人说。

戴发带的男人从刀鞘中拔出一把锋利无比的大砍刀。他抓着拴住水牛的绳子，几乎是小心翼翼地抚摸着水牛的喉咙。一片寂静。一条红线出现在了这头野兽的脖子上。然后它开始喘气，翻着白眼，血像喷泉一样喷涌而出。小男孩们用力向前挤去，屠夫伸出一只胳膊把他们挡在后面，水牛则踉踉跄跄。最

---

1. 字面意思是"知识渊博的人"。

后，它咳嗽了一声，跪倒在地上。孩子们冲向正在消退的血泉，咯咯地笑着，把尖利的竹管插入裂开的伤口收集热血。他们的手和脸上都溅满了血。血弄乱了他们的头发，冲进了他们的眼睛。他们摇摇晃晃地拿着喷血的管子，推挤着长辈们。长辈们正在剥仍在抽搐的尸体上的牛皮，并将冒着热气的内脏扔在草地上。

第二头水牛竭力想逃跑，但那个戴着发带的人径直走上前，朝它的喉咙划了一刀。和之前一样，血流如注，小男孩们不得不被按住。但这一次，野兽并没有倒下。相反，它挣脱了束缚，冲上山去加入那些挥舞着剑的人所参加的纪念活动。上面的人群尖叫着，在它面前溃散开——男人担心自己的命，女人担心自己的衣服。终于，它被逼到了绝境，平静了下来。屠夫又砍了一刀。它再一次挣脱，鲜血四溅。慢慢地，一阵抽搐从它的脚下传遍了全身，它倒了下去。人群不禁松了口气。约翰尼斯轻声笑了。

"神奇。有人想破坏这个节日。"他抿了抿嘴唇，点点头，一副洞悉一切的样子。小男孩们看起来很生气。水牛身上没有流下一滴血。当导游滔滔不绝地解说时，法国人焦急地走开了，"太可怕了，太糟糕了。"

"好了，"约翰尼斯说，"我们回城。"

一个有魄力的承包商临时安排了一趟返回兰特包的巴士。当我爬上去时，他笑了。

"小心。有个巨人进来了。"他开始收车费，手指间扇着红色的百卢比面额纸币。

"等等,"当他接我的钱时,一位主妇喊道,"你为什么要向他收取更多的费用?"

司机立即切换到托拉查语,约翰尼斯愉快地翻译起来。"我向他多收费,是因为他的块头更大。""是的,但他没有行李。无论如何,我会坐在他的腿上。""我想收多少就收多少。""好吧,但是包车的价格是一万五。如果你向他多收费,我就少交点钱。"

司机把多收的钱退回塞到我手里。他咧嘴一笑:"给白人的减价。"

约翰尼斯暗自一笑,将手臂放在脑后,做了一个夸张的脊柱扭曲的动作,印尼人认为这对他们的背部有好处。

"明天,"他懒洋洋地说,"我要回我的村庄巴鲁普。你要不一起去?"

"干吗不呢?谢谢你,约翰尼斯。"

在公交车站下车是一个令人尴尬的时刻,人们总是在这时定义与他人的关系。我把手伸进口袋。

"呃……约翰尼斯……"

他向后退去。"看。你是个有钱人。我很穷。所以当你离开时,你给我一些东西。也许是你的鞋子。"他看着我那双非常大、不怎么样的鞋子。"好吧,也许不是你的鞋子,而是一些类似鞋子的东西。但是不要给我钱。那将是一种侮辱。"那么,我交了一个朋友。

"我们明天见。现在我要去我叔叔家吃饭。然后，也许我会回到纪念活动。"

"去看竹子？"

他咧嘴一笑。"是的，也许我去看竹子。那个村子里有一些非常好的竹子。"

旅馆里，老板笑容满面。要么是我在昨天的放荡生活中所扮演的角色不为人知，要么是各种反社会行为已因我客人的身份而被赦免。但这并不是一个平静的夜晚。有人紧张地拉扯我的袖子，我转过身，看到一个身材矮小、长得像白鼬的男人。他眼神紧张，到处乱瞟。

"你好，老板。我是希特勒。也许你听说过我。"对此，我不知道该说什么。也许我听错了。

"希特勒？"

"是的，帕克[1]，在我出生之前，我父亲曾经在收音机里听到过这个名字，他很喜欢。"

他把我拉到门口，借着昏暗的灯光，推给我一张宝丽来照片。另一个毛腿异装癖？不对，那是一个木制的坟墓人像，托拉查人放在墓前的那种东西，相当不错。

"你买吗，帕克？我从博物馆听说你了。"

"不买。你知道没人允许我买古物。我不是来找麻烦的。"

"我帮你把它运到巴厘岛。从巴厘岛，您可以把货送到任何

---

1. 印尼人对男子的一种尊称。

地方。每个人都这样做。我有一个朋友。"他提到了一位伦敦经销商的名字。

"不买。"

他改变了策略。"这不是一个古老的坟墓人偶。只是一个做工非常好的人偶。我给你一个好价钱。"我花了一些时间才脱身，尽量不显得粗鲁，但最终还是做到了。我神志不清地坐了下来。门外响起响亮的敲门声。另一个人。他看起来很生气。

"我哥哥来见过你了。"

"你的哥哥？"

"希特勒。"

"天啊。"

"你为什么不想从他那里买东西？你有更好的货源？"

"不是。我只想睡觉。"我试着关门，他把它挡了回来。

"棺材——一个古老的雕刻棺材。你买不？"

"不买！"门终于关上了，但似乎只过了几分钟，又响了起来。灯光从窗户射进来，我把门打开，一只胖手把我推回了房间。

"你认识我吗？"那个声音小声说道。是出现在斗鸡会上的那个警察。

"是的，我认识你。"

"很好。外面有个人，他的名字叫希特勒。他专门交易偷来的东西。他会试图卖给你一个坟墓人偶。无论他要价多少，你都接受。你将帮助印度尼西亚共和国，我想逮捕他。"

"听我说。先别那么快……"很显然这里有人被下套了，但我怎么确定那个人不是我？一个富有的游客。某个在博物馆工作的人。在我看来，我的嫌疑最大。

"你只需要同意一切。"警察小声说道。他为什么窃窃私语？"我不想认为你不是共和国的朋友，你的名字会被保密的。"

还没有等我回答，他就打开门把希特勒拽了进来。希特勒赞美了这个人偶的优点、它悠久的年代、它简洁的线条。警察不时地戳我的肋骨，热情地冲我点点头。我决心不同意买它。但与此同时，空气中充满了威胁。怎样才能阻止他们一起编造故事？显然我也不能断然拒绝他们。

"你会明白的，"我开始说，"我必须非常小心。这是一个非常漂亮的坟墓人偶。"警察笑了。"但我买它可能是违法的。"他戳了戳我，皱着眉头。"我得看看那个人偶。我不能买我没看到的东西。"现在两人看起来都很担心。"或许我们可以改天在别的地方见面。"两人对视了一眼。

"也许，"希特勒说，"今晚我可以把它带来？"

"好主意！"今晚我会在约翰尼斯的村子里。警察又戳了戳我："我认为你现在可以买下了。"

"不。在我购买之前，我必须先看到它。"他高兴了。

"你会买？好，我们今晚回来。"

他们走回摩托车旁。离开时，警察向我使了个恐怖的眼色。

公共汽车的所有者没有在巴鲁普路线上冒险使用新车。我们的巴士布满伤痕和小坑。它显然经历过一个受到精心维护和装饰的时期，但离现在已经非常遥远了。它很肮脏，快要散架了一样。约翰尼斯打量着里面的乘客。

"女人太多。男人太少。"

他看起来做了一个奇怪的评论。

"如果我们的车抛锚,"他解释说,"女人和猪都待在里面。只有男人下车去推。"猪?我往里看。它们躺在那里,腿用竹子捆着。

约翰尼斯买了肉、鸡蛋、大蒜和辣椒,好像巴鲁普在闹饥荒一样。我们在城里转了几圈,这种转圈的方式我现在已经熟悉了。司机停下来吃饭。一名男子奇迹般地从电力公司的收银台取到了钱。椰子被推到我们的脚下。车被越压越低。一个来势汹汹的孕妇上车了。一辆自行车被拆开存放在后面。孩子们被放在大人的膝上,行李被转移到角落不碍事的位置。所有人都抽着烟。窗户紧闭,尽管并不冷。

大巴的仪表盘显示所有系统同时出现了紧急情况,简直难以置信。刹车警告灯亮着,机油灯也亮着。我们车上没有汽油和水。电池显示为持续放电状态。在每一个水源处,司机都会停下来,把大量的水倒在乘客座位边上。这不是散热器的位置,而是离合器的位置,离合器变得非常热,以至于前排乘客的塑料凉鞋开始冒烟。

车费已收,据说是为了让司机有足够的钱购买汽油。最后,我们停在了加油站。加油站员工指着我笑着说:"游客!"

巴士公司显然与加油站有某种联系,因为员工丢下像奴隶标志一样的尖顶帽,自己跳上驾驶座,发动了引擎,同时口中发出像约德尔[1]唱法一样的呼喊。大巴开始飞驰。车上似乎只有我很惊讶。

"哇！"约翰尼斯高兴地叫了起来，这让我觉得自己又衰老又疲倦。其他人兴高采烈地用手拍打着大腿，并加入了我后来认为是"托拉查式"的战吼。

---

1. 源自瑞士阿尔卑斯山区的一种特殊唱法，以真假嗓音交替歌唱。

第八章　山里的巡回演员

清晨的薄雾仍然笼罩着山谷、树林以及路边的灌木丛。虽然天色微亮，但一大波学生如潮水般蜂拥而至。他们从马路两边茂密的灌木丛中钻出，怀中抱着教科书。柏油路面很快被石头取代，他们便在岩石中择路而行。

　　巴士颠簸着，沿着盘山小路上升，直到我们突然冲破云层。下方是炙热的、如大锅般的兰特包，被云雾环绕，目光所及之处，一连串的山峰不断延伸。阳光下，山顶闪烁着清晨的露水。"哇！"一个人叫道，"好美！"仿佛这个景象来自天堂。我艰难地把脖子伸出窗外，看到两个容光焕发的小孩子坐在一处房子的屋顶上面，虽然看上去很危险，但他们依然沉浸在这怡然自得的快乐中。

　　屁股被颠簸得扭来扭去，大约一个小时后，车停了下来。司机从他的座位上转过身来，对我顽皮地笑了笑。"娘惹班邦。"他说。不知道该如何理解。他的语气暗示是好事。"娘惹"是对受人尊敬的已婚妇女的称呼，而"班邦"是男人的名字。答案很快就明朗了。

　　附近的一所房子里冒出一个有洁癖的男人，看起来闪闪发光。又一次，我感觉自己回到了学校。在把位置挪到司机旁边之前——他认为这是他的权利——他用一块一尘不染的手帕掸了掸灰尘。他对着我，就像我是唯一值得他关注的人："我叫班邦，是来自雅加达的建筑师。"随即像死鱼一样伸出一只手。班邦拒绝了我给的香烟。事实上，他坚持要打开窗户让烟雾消散。他把名片递给我，似乎因为我没有名片可以交换而很不高兴。我们过了一轮常规的问题，以确定对职业和婚姻的诚意。他解释说来这里是为了探亲，并研究托拉查的传统建筑。他的悲剧在于他爱婴儿，但讨厌孩子。这些原则带来的合乎逻辑的结果是，逃离他现在的十二个孩子，直到他想再生育一个。这给了他一两年的安慰，但最终使他更加狼狈。这次探亲之旅是他逃离后代的众多旅行之一。

　　道路突然变得更糟了，更确切地说，司机似乎在瞄准坑洼行驶而不是避开它们。班邦看起来脸色发青，一边干呕，一边像个主妇似的擦着嘴。司机非常高兴，气势汹汹地喷云吐雾，大部分烟都被吹到班邦的脸上。约翰尼斯静静地坐着，望着窗外，抓着他的杂货以免损坏。

　　我礼貌地问："蛋怎么样了？"其他人都高声大笑起来。我无意中说了我的第一个下流笑话。我被告知要问鸡的蛋，否则会被理解为在问男性乘客的生殖器是否完好。

　　又过了一会儿，我们停在一个简陋的棚子旁，喝着咖啡，司机在一旁卸椰子。关于是否卸下了正确数量的椰子，他们进行了长时间的讨论。"看，"棚子主人说，"我用圆珠笔把我的名字写在了上面。"我想到了城外隆达的一个洞穴，在那里，人们用圆珠笔在头骨上写下死者的名字，以此来辨认身份。椰子的买卖是一种奇怪的贸易。有的人把它们运上山，有的人把它们运下山。也许在古怪的古董商式经济中，有一个椰子先上山，再被运下山。

我们坐在一张粗糙的木凳上旁观。约翰尼斯似乎很不安。"司机，"他解释说，"设法让班邦不舒服。但是，你看，尽管班邦受了苦，他还是继续自己的旅程。班邦是愚蠢的，但不是懦夫。更愚蠢的是司机。"

一根燃烧的大木头从我们头顶飞过，打断了我们关于世界不公的思考，接着是一阵疯狂的大笑声。

一个身材像棍子一样的老太婆猛地出现在眼前，她没有牙齿，蓄着骇人的长发绺，穿着一件又破又脏的连衣裙，上面曾经装饰着层层花卉图案。她的脸和胳膊上粘着一层厚厚的污垢，手里充满威胁地挥舞着另一根木头。约翰尼斯和我对视了一眼。"疯了吗？"我问。"确实是疯了。"他回答道。我们默不作声，拔腿就跑，在小屋里透过铁丝覆盖的窗户看着她。

她站在外面，用日语唱了一首歌，乘客们为她鼓掌；然后是关于苏加诺时代美国外交政策的小调，我觉得有人给我上了一堂政治历史课。紧随其后的是一首关于当今印度尼西亚领导人的性道德的歌曲，引起了男人们的傻笑或咆哮抗议，并导致女性捂住鼻子端庄地表达愤怒。至于我自己，它证实了我的词汇量多么贫乏。

司机把她赶走，她却在车身两侧的灰尘上写下粗鲁的语句。她用这种方式自娱自乐，并开始乞讨，大家紧张地交出小面值的硬币。

司机向椅背靠了靠，用一种在传达惊天秘密的语气低声说："她是一位被自己的学识逼疯的学校教师。"他停顿了一下，"你是教师吗？"我想到了戈弗雷·巴特菲尔德。他一定会说是。

"类似的职业。"

我们冒着细雨再次出发，雨把树叶打得啪啪作响。托拉查真是奇妙，香蕉树繁茂地生长在山松旁边。道路再次爬升到了云朵里。外面感觉非常冷。突然，我们停在了一片灌木丛生的凄凉高原上。一只山羊啃着草，冷漠地看着我们。发动机熄火了，四周十分寂静，只听到流水声和山羊吃草的嘎吱声。一个年轻人从车里走了下来，向着远处的一栋房子——不是什么高贵的木雕结构房子，而是一座外观杂乱无章的棚屋。妇女们从车里出来，站在那里绝望地号啕大哭，哭得几乎喘不过气来。突然，刚才那个年轻人开始抽泣，头垂在胸前，大滴泪珠顺着脸颊流下。其他人也从车里出来互相拥抱，在雨雾中哭泣。"他哭是因为他的朋友死了。"司机解释说。马来西亚和苏门答腊之间的渡轮翻船了。许多水手都是托拉查人，因为在这里人们很难谋生。托拉查是为数不多的产生大量海员的内陆山区之一。很多海员都在事故中淹死了。司机和班邦也下了车，和其他人一起站在雨中，被雨淋湿。我尴尬地走下来，站在一边，不想打扰他们的悲伤。我凝视着湿漉漉的风景，全神贯注地看着那只山羊。

一只手臂伸过来，盲目地摸着我的肩膀，抓住我的手肘，把我拉进他们的感情世界。我也开始哭了。

我不知道我们站在雨中抽泣了多久。可能十分钟，也可能更长。当我们回到巴士上时，不知怎的，我们都有了忏悔之后的感觉，伤痛有所缓和，不是兄弟但更胜兄弟。司机现在避开了坑坑洼洼的地方，也不再向班邦的眼睛喷吐烟雾了。谈话转向了海员的艰苦生活，他们如何从长途航行中归来，被贪婪的亲戚剥夺了收入。慢慢地，我们又开始说笑了。

我们到了一座山顶上，看到潘噶拉镇在我们下方延伸。在到那儿之前，我们还需要经历半个小时的转弯和下坡。小镇是另一个木制棚户区，到处都是学童。"我以前下山来这里上学的时候，"约翰尼斯说，"常常不得不背着一袋大米走十二公里，这样我才能吃饱。那时我很强壮。在城里待了这么多年，现在我变得很虚弱。"

又一场暴风雨席卷之时，我们在一家咖啡店前下了车。人们再一次从厨房里跑出来看我这个怪人——不是因为我是白人，而是因为我要了不加糖的咖啡。墙上的玻璃柜里展示着一个避孕套，就像奖杯一样——这是计划生育运动的一部分。然而，我们很幸运，一辆水泥车正沿着公路要开往约翰尼斯的村子，为新建设的中学运送材料。我们可以搭个顺风车。

班邦走开了，许多乘客转移到卡车上——包括椰子。后面的绳子已经串起来了，我们把自己塞进绳子里，或者按照翻板屋的方式把自己挂在绳子上。

"路有点难走。"约翰尼斯坦言。事实上，上山和下山的收费不同。这条路显然已经多年没有检修过，有很多深坑。主要的难处在于卡车的轮胎已经被磨秃了，根本抓不住地面。一辆正常的卡车顺利通过泥泞，我们的车却停了下来，无助地滑行。正常的卡车会在斜坡上行驶，我们的只能在道路上搅动着巨大的坑洞，发出橡胶燃烧的气味。

每次我们陷入困境，过程都一样。起初，我们会老实待着，假装没有注意到困难。接着司机会喊："下去推呀！"我们就爬下车漫无目的地乱转。有些人只是站在一边看，另一些人努力推车。然后，当有足够的推动力让我们离开时，其余的人会加入——此时最开始推车的那些人有一半会停下来。关于如何让卡车摆脱泥泞，每个人都有一套自己的理论。

"木板！"一名男子坚定地说，"我们需要的是木板。"

"但你不觉得如果轮胎是……？"

"不。木板。"

为使卡车脱困，一些人坚持要从卡车前面铲起泥土，然后把它堆到后轮后面。大部分泥土最终喷到了推车人的身上。有些人会把草和树叶堆到轮子下，但这些东西会被持有不同意见的人刻意地移除。还有一些人相信石头可以解决问题。除了石头以外，任何东西都无效。他们把石头从路上挖出来，冒着可怕的风险，赤脚把它们推到轮胎下。一位老人煞费苦心地解开绳索，开始以一种孤勇的姿态从前方拖拽。约翰尼斯坐下来抽了根烟，和女孩们开玩笑。当所有的希望似乎都破灭时，一个男人悠闲地走来，身边的一个小男孩牵着一头巨大的水牛。小男孩平静地把牛拴在车前，它轻而易举地把我们拉了出来。一个声音从身后传来："用木板会更容易。"

"我以为托拉查人不会使用水牛进行体力劳动。"我对约翰尼斯说。

"那，"他宣称，"是一头做工的水牛。看看它的颜色。"

人类学家是从讲述努埃尔人[1]的书籍中学习、起步的。努埃尔人是一个对牛着迷的苏丹民族。他们发明了丰富的颜色和图案词汇来描述这种野兽。这是我在托拉查发现的类似痴迷的第一课，看起来有一系列无穷无尽的术语用来描述水牛的大小、颜色、图案和角的形状。后来，当我与雕刻师一起工作时，发现情况也是如此——在我看来应归为相同类别的图像，在他们那里有着巨大的区别。

约翰尼斯厌倦了抽象的词典编纂，开启了一个更实际的话题。司机难道不应该给我们打个折吗？我们本该坐他的卡车，实际上步行走了很远的距离。难道他不该付钱给我们吗？因为他能够运送水泥，完全归功于我们的劳动。值得称赞的是，司机看到了约翰尼斯论证的力量。事实上，他的感受如此强烈，甚至将其视为对他生计的威胁，以至于我们很快被从车上赶了下来。我被迫与约翰尼斯一起走进村子。"那个人，"约翰尼斯说，"是我家族的敌人。他是奴隶的后裔。"

---

1. 努埃尔人，居住在苏丹和埃塞俄比亚东南部的非洲民族，以传统放牧和养牛为生。努埃尔人对牛有着浓厚的兴趣，被称为"牛背上的寄生者"。

"我以为只有在南方王国，才有这些社会阶层：黄金阶层、青铜阶层、铁阶层等等。"[1]

"也许吧，"约翰尼斯气呼呼地说，"但我们知道奴隶就是奴隶，即使我们不应该再使用这个词。"

无论如何，这是我第一次在到达实地考察地点之前就树敌。我开始怀疑约翰尼斯是不是太聪明了，以至于没法成为一名田野助理——因为我突然意识到他就是来做助理工作的。

约翰尼斯的房子是一座现代建筑，位于海岸边布吉式的独栋房屋，建在木桩上，以减轻该地区酷热气候的影响。很明显，晚上会非常寒冷。我们被吠叫的狗逼停，脱掉鞋子，顺着梯子爬上前门，在那里我的头撞到了门楣上，旁观者觉得这是一大乐事。对于一个西方人来说，在印尼生活意味着头部将遭到一系列重击。整个国家都建立在人民身高不超过五英尺六英寸的假设之上。我唯一一次真正憎恨印尼人，就是在头部受到特别严重的撞击之后。随着痛苦的泪眼模糊散去后，你睁开眼睛，会看到一群欣喜若狂的棕色面孔在嘲笑你。通常有人会解释说，你撞到头是因为你太高了。

约翰尼斯的母亲年轻时显然是个美丽的女人，五官精致，破烂的衣服和饱经风霜的脸上散发出自然的优雅。显而易见，她是一个非常虔诚的女人。房子的装饰混合了各种奇怪的宗教符号。一面墙上是总统和他的副手的照片，这是每家必放的。

---

1. 托拉查人分为三个阶层：贵族、平民和奴隶。

两侧是一幅航天飞机图片和画作《最后的晚餐》——显然是达·芬奇之后的版本，耶稣的十二门徒都有一双巨大的蓝眼睛，看着就像疯子一样。然后是一个模糊的有关《圣经》的图案，有羊和孩子。今年的日历是半裸的华人，他们的身体被一面镜子刻意遮住了一大半。

直到后来，才有人费心为我介绍约翰尼斯的父亲，他是一个疲惫、干瘪的男人，表情苦涩，像是习惯被大家认为是个无关紧要的人。约翰尼斯和他的母亲开始长篇大论地讲述约翰尼斯父亲的所作所为、他的不作为和各种罪过。似乎他酗酒、游手好闲、不去教堂。我和他都沉默了，交换了同情的眼神。

厨房里传来噼噼啪啪的声音，冒出木柴燃起的烟雾。各种弯腰驼背的亲戚来来往往、碎步疾跑，时而在客人面前以蹲伏的姿势表示尊重。我们端着甜得不正常的咖啡，母亲改用印尼语详述了她的许多苦难——贫穷、腿不好、无用的丈夫、无能的儿子、村子里的洋葱短缺。没有接受过学校教育的托拉查人很难发"ch"音和印尼语中的一些辅音群，因此"kecil"（小），发成"ketil"，而"pergi"（去），发成"piggi"。这使他们的讲话带有一种奇怪的，类似秀兰·邓波儿般轻柔腼腆的感觉。她总结道："我们已经老了。没有希望了。男孩们都离开这里去了城里。如果主允许，我们祈祷死得其所。"这是一种令人沮丧的欢迎，约翰尼斯已经开始暴躁了，这是一种以父母为耻、雄心勃勃的年轻人的典型思维。

各种各样的人陆续加入——一个堂兄、一个同父异母的兄弟。男人们吃的是米饭和辣椒，荒谬的是我们被要求在房子中间展开的床垫上休息，房子里的女性却在我们周围活动着。

渐渐地，这一天快要过去了，尽管事实上还不到傍晚。夜幕降临时，一位目光炯炯有神的邻居过来点亮了油灯——非常复杂的技术，家里没人能掌握。他也和我们一起躺在床上，越来越多的毯子盖在我们身上，用于抵御刺骨的寒意。一种奇怪的霉菌在黑暗中发光。最后，床垫也被从地板上取出，盖到了我们身上。我有点自豪地展示了我的热水袋。你必须是一个真正的老手才能想到把它带到热带，效果立竿见影。

约翰尼斯对它印象深刻。"我希望你回家时，可以把热水袋留下来。"

夜色渐浓，我们都躺着讲故事，兴致勃勃、精神振奋，就像野营旅行中的小男孩。有人讲述他在乌戎潘当见过的一位布吉魔术师。"他竖起长矛，在上面放了一个瓜。瓜裂开掉了下来。然后他带来个小男孩，肯定有五六岁大，把小男孩放在长矛上旋转，男孩儿肚脐抵着长矛。我们都捂着眼睛，害怕会看到血。但男孩儿并没有受伤。"

"哇！"

"那没什么，"约翰尼斯说，"我认识些华人女孩，其中一对姐妹，你在一张纸上写下任何东西，撕掉它，把它放在火柴盒里。她们像这样把它放在腋窝下，马上就可以告诉你上面写了什么。"

"哇！"

他们用目光无声地询问着我。这里有一个来自异国他乡，见识过世界奇观的人。谁知道我会讲出什么好玩的事？

"有一次，"我说，"我在非洲遇到了一个能控制雨水的人。"

"啊！是的，我们这里也有这种人。"听起来他们觉得没意思。

"有些人会砍下别人的人头并收集它们，我曾经和这些人住在一起。"

"哦，我们曾经就这样做过。那又怎么样呢？"

"有一次我只带着长矛去猎狮。"

"我估计这和我们捕猎生活在森林中的矮水牛一样，只不过水牛更加危险。"

他们已经侧过身子准备睡觉了。是时候放大招了。我把手伸进口袋，掏出一张塑料信用卡。

"这个，"我说，"就跟钱一样。"他们坐起来，在闪烁的灯光下仔细检查它，光线从嵌入其中的全息图像上滑过。它被郑重地从一个人的手里传到另一个人的手里。

"在我的国家，城里的墙上安有机器。把这些卡片放进去，并输入一个数字，机器会吐出来钱。"

"哇！哇！哇！"

他们小心地把它传回来，我们都安然入睡了。我梦到了长矛和华人巫师。不知道他们做了什么梦。

人类学家也许是你能想象到的最糟糕的客人。我不会邀请这样的人到家里去。他总是用愚蠢的问题困扰主人，使他们分心。起初，他不知道在寻找什么。毕竟，你一开始并不知道如何去捕捉陌生的生活方式的本质，人类学家甚至连他们正在寻找什么样的猎物都没有达成一致——是在人们的头脑中，还是在外部现实的具体事实中，两者兼而有之，还是两者都不存在？另一些人会认为，大部分人类学"知识"是观察者和被观察者之间的杜撰，依赖于两者之间不平等的权力关系。因此，一开始总是下意识地继续做下去，之后再去准确分析自己做过的是什么。

　　就个人而言，我很容易决定从哪里开始。约翰尼斯宣布我们将在早上出发去参加一个玛聂聂庆典[1]。他的祖父会陪着我们，步行前往五六公里外的地方。厨房里坐着一位面色凝重的老先生，他的手里拿着一根长矛，口中嚼着一块煮熟的木薯。他一看到我就和蔼地笑了起来，咬了一口木薯，然后将木薯滑进口袋里，预备待会儿再吃完它。

　　整个村子都被调动起来。孩子们从房子里探出身子盯着看。他们发不准"Belanda"（荷兰人），所以喊着"Bandala"（盒子）。屋子里涌出一连串访客，其中大部分人都着黑衣，这是死亡的颜色。托拉查的两大节日在这里被区分开来。西方的节日和"降烟"——死亡的节日，以及东方的节日和"升烟"——生命的节日。托拉查的仪式看起来完全不平衡，更多地强调死

---

1. 托拉查地区一种葬礼的形式。通常在每年八月举行。原则上家中长者过世、举行葬礼后，每三年家属会将棺木打开，帮死者换一套新衣，在现代还会与死者合照留念。

亡而不是生命。然而，这很可能是由于传教士的影响。他们抑制了相对放纵的生育仪式，让死亡仪式看起来像搁浅的鲸鱼一样不协调。不同派别的基督教对古旧的习俗达成了不一样的妥协。一些教会坚持认为他们的信徒必须远离死亡节日的某些部分，并且不吃献祭的水牛。另一些则要求信徒向教堂供奉水牛。有些教会强调基督徒不能有坟墓的画像，就是这样。其他教会则允许有一个画像，只要它被用于纯粹的纪念。

大家互相问候，笑声不绝于耳。约翰尼斯的祖父总是让人敬而远之，脸上有一种宴会上男管家的庄严。"我不太会讲印尼语，"他解释说，"但我想让你知道，在这个村子里，我是古老宗教的代表。这些人现在是基督徒，但他们仍然要听从我的话。我已经宣布玛聂聂仪式正式开始。现在，在仪式结束之前，大家不许耕种田地，不许盖房。即使是基督徒也要遵守这一点。"

我转向约翰尼斯问道："你也是基督徒？"

"是的，我和你一样，都是新教徒，但对我们年轻人来说，这并不重要。我们……"他摸索着寻找词语，"比内内克那一代人思想更开明。"

内内克哼了一声："年轻的时候，我也是这样。当我想开始学习宗教，学习那些古老的诗歌，大家都恳求我不要，说我会永远是穷人。他们是对的，但还有更重要的事情。约翰尼斯也会学习。他不是一个愚蠢的男孩了。"

山顶上矗立着一座教堂，按照蒂罗尔的风格粉饰了尖顶。教堂后是一排排没有人烟的紫色的阴森山丘。透过云层的缝隙，阳光倾洒在屋顶上。它看起来像是世界上最孤独的教堂。我们走在路上时，老人的一连串观察和解读如体育评论员般轻松自如——历史、神话、个人回忆。许多文化都有特许的权威人士——他们本土的人类学家。这些人偶尔会出现在该主题的文献中，名字为一代又一代学生所熟知。我以前从未见过这些人，但内内克显然是其中之一。我有了一个助手。我的专家兼报告人现在出现了。尽管我在这里只待很短的时间，但也不可能不开始工作。我掏出一个笔记本，开始把这一切都记下来。

一大群人聚集在陡峭的悬崖底部，悬崖上则布满了方形的洞穴。这些都是埋葬死者遗骨的坟墓。与托拉查的其他地方不同，这里没有代表死者的木制人偶，每个坟墓都用刻有水牛头的木板简单地封住。约翰尼斯坚称，过去曾有过这样的形象，但现在都消失了。在如今的节日里，人们会把逝者的遗体用新鲜的布包起来，再放回坟墓里。有人专门到城里去买布料。令人惊讶的是，这些布的颜色是最为艳丽的那种，上面还有米老鼠和唐老鸭的印花图案。

我曾希望在不被发现的情况下溜进去，悄悄地躲到一个角落里，摆出民族志学者刺探他人隐私的姿势，但未能如愿。内内克是一名表演者。这是他的大事件，他要把它发挥到极致。我们穿过茂密的灌木丛，走近人群，他们看不到我们。我们溜到参与者圈子外的一块岩石后面，内内克发出一连串的沙沙声和咕噜声，试探性地呼唤约翰尼斯来帮助他。几分钟后，他换了身衣服冒了出来：红色条纹短裤和短袖上衣。我想起了在印尼语入门课上的一个练习："毛毛虫变成了蝴蝶。"内内克喜笑颜开，全力对付着项链的扣子，项链看起来很沉重，像一串镀金卫生纸。约翰尼斯在上面挂了一串精心打造的野猪獠牙，试图戳到内内克的耳朵。老人调整着手臂上的蛇形金手镯，心不在焉地四处寻找着他的长矛。

他一把抓住我的胳膊，把我当成另一个道具，跳到目瞪口呆的村民围成的圈子里，开始他的长篇大论，不时地用长矛戳我，以说明问题。约翰尼斯把一只手放在我的肩膀上，以示安慰，似乎不确定是该为他年迈的亲戚感到自豪还是羞耻。

"他在解释你是谁，你是一位著名的荷兰游客，你来这里是为了向我们和古老的习俗表示敬意。"内内克的声音会时不时地提高，然后稳定下来，这种节奏，即使局外人也能看出来，是诗歌的标志。"那是对大祭司说的，"约翰尼斯低声说，"古老的语言。我无法翻译它，但是——哇，听起来很美！"

终于结束了，内内克在空地中央的一块岩石上安顿下来，指指点点，用压倒众人的气势训斥着，脾气暴躁地把长矛抱在怀里。

进入坟墓需要一边攀爬带缺口的竹竿，一边将尸体用人力推入狭窄的墓穴中，竹竿距地面约六七十英尺。巴士上的几个水手负责这件事，他们像老朋友一样欢迎我。我想爬上去吗？不？那么也许我想吃那里的水牛。水手们，作为基督徒，本不应该吃在坟墓里献祭的水牛，但是……

我们在一棵大树的树荫下用餐。"没有米饭，"他们解释说，

"因为有人死了。我们只吃木薯和水牛。"水牛身体结实，肌肉发达，有厚厚的脂肪和皮。每块水牛肉看起来都像煮熟的蛞蝓。太阳高高升起，热得让人不舒服。宜人的木柴烟味、水牛脂肪的气味和温暖的人性笼罩着坟墓，苍蝇享用着血液大餐，发出令人昏昏欲睡的嗡嗡声。约翰尼斯被派去拖一具准备放进坟墓的尸体，他站在阳光下，咧嘴笑着，不时拂去他浓密黑发上的热汗。

内内克又开始大喊大叫，一个人在墓室口探着头，放下一根绳索准备绑在尸体上。整个场面看起来甚至有一些享受。布包裹着尸体，绳子挂在上面。整个过程充满闹剧，非常有喜剧效果。当尸体被拖到空中时，约翰尼斯像驯马牛仔一样跨上去，发出一连串的呐喊声，其他年轻人也跟着这么喊，直到内内克因愤怒和奋力抗议而浑身颤抖。

一群人在下面围成一个圈子，开始缓慢地吟唱起死亡颂歌，人们毫无表情地将双手牵在一起，按逆时针方向旋转。孩子们被召唤加入进来，父亲和兄弟轻轻地引导他们的脚步，让他们融入这一古老的节奏。内内克给了一个信号，之后女人们也加入圈子里，男人和女人用歌声相互呼唤——这是一首死亡之歌，但在歌声中，女士们不失时机地展示了她们优美的轮廓和闪亮的牙齿。内内克赞许地点点头，他的手随着节拍而挥动。这里看起来实在不像是一个因宗教变革而分裂的社会。

其中一名水手建议我与节日的组织者见面，这样显得比较有礼貌。我被带到一群环锅而立的人中间，大锅正冒着热气。

"这是头儿。"他边说边拍了拍一个男人的肩膀。男人转过身。原来是希特勒。

"啊,"希特勒说,"我已经认识这位先生了。"

我迅速开始想各种借口和解释,但似乎没有必要。事实上,他开始向我道歉。

"关于那个物件,有些困难,"他低声说,"已经不在我手里了。它被警察没收了。但我希望很快能再得到一个,然后我再联系你。"

我向他保证我会屏息以待,然后回到座位上,紧张得大汗淋漓。

一位相当粗壮的女士似乎值得特别注意,尽管酷热难当,她还是穿着厚厚的毛皮大衣,像对待老朋友一样和我招手。

"那是谁?"我问水手们。他们咯咯地笑。

"那是'荷兰阿姨'。她住在莱顿,为了这个庆典特地回来。她穿起狗毛外套,以表明她已变得多么富有。"

她注意到我们在谈论她,便停下来,走过来加入我们,用荷兰语问候我。

"对不起,"我用印尼语回答,"我不是荷兰人,而是英国人。"

"没关系!"她回答道,"你和我一样是西方人。你知道,我现在生活在那里。看我变得多么苍白。我在托拉查很受折磨——炎热、尘土。在荷兰,我们乘出租车到处走。"

约翰尼斯出现在她身后,不愿意听她装腔作势。"啊。我记得你。你曾经在集市附近经营一个面摊。"他清了清嗓子，吐了口唾沫。

如果眼神能杀人，约翰尼斯早就当场倒下了。"荷兰阿姨"把她的皮大衣裹在汗湿的肩膀上，扬长而去。她穿着不适合松散石头路面的高跟鞋，越过肩膀挥手，勉强带着病态的微笑掩盖她的离开，真是难堪。前一刻，她还在那里，成为一个可怜的做作的焦点，不知何故让我感到羞愧。接着，她走了——从悬崖边缘跳到下面的舞者身上。幸运的是没有人受伤。后来有人看到她坐在树下，一个孩子用香蕉叶给她扇风，她一直穿着皮大衣，还问孩子各种东西的名字，因为正如她不断解释的那样，她说了太多的荷兰语，几乎忘记了托拉查语。

这一天，有相当多的遗体被包裹起来，重新安置在各自的坟墓里。第二天，内内克会杀死一只鸡，并宣布节日结束，人们就可以回到继续种植庄稼和建造房屋的生活中去了。现在天快黑了，是时候回村子了。

"荷兰阿姨"召集了她的家人，朝着一个方向走去。我、内内克、约翰尼斯和一群邻居朝另一个方向出发。一个年轻人牵着他儿子的手，用说得极文雅的印尼语邀请我去附近不远的他家做客。这是一座精美而古老的建筑，雕刻得富丽堂皇，装饰有当地的风格。

"看，"他带着明显的自豪感说道，"这就是我的房子。祖祖辈辈传下来的。那些是我的土地。我还是个孩子的时候，我的祖父就在开垦这些土地。现在我把它们分成几块，轮流耕种。"

内内克很烦躁。他想赶在天黑之前回到他在村子里的家，但那个自称安达鲁斯的人态度温和，坚持希望他留下。

这所传统的房子，跟我参观过的所有其他房子一样，与现代世界达成了妥协。一个骇人的巨大手提式收录机放在一个角落里，旁边是一个丑陋的餐具柜，上面刻着传统的托拉查图案，但涂上了光泽漆。但这仍然是一座古老的房子，保留着古老的慷慨大方。安达鲁斯指了指窗外："我妈妈一直要求我安装一个现代化的浴室，用水泥填充房子的底部，但我告诉她在溪流中洗澡更好，我们必须尊重一所老房子。否则它就会像一个穿着酒吧女郎衣服的老妇人。"

我们喝了咖啡，吃了特制的棕榈糖蛋糕——这是象征托拉查人热情好客的食物。父子俩都穿着黑色的纱笼，而不是现在常见的短裤。我很高兴能认识这样一个人，他拒绝了现代世界的大部分最恶劣的事物。这是一个聪明而有魅力的人，他满足于留在这个偏远的村庄，耕种他的花园。这是我对他的看法，不一定是他自己所以为的。

"你在哪里学的这么棒的印尼语？"我问他，"你是老师吗？"

他咧嘴一笑，随意地换成了地道的美国口音。他谈道："当我在麻省理工学院攻读卫星通信硕士学位时，我想我学到的东西最多。在我学会英语之前，我不得不用自己的母语学习大量强化课程。"他露齿而笑，慈爱地戳戳他的儿子，说道："这个孩子的母语是英语和印尼语，但我们来到这里后，他无法和他的祖母说话。他感觉很无聊。在加里曼丹，我工作的地方，有游泳池和录像机。他现在很想念那些东西。我们只是为了节日而回来——重新包裹我已逝父亲的尸体。他认为这给尸体带来了很多打扰。"

我的失望一定是显而易见的。西方人有一种固有的倾向，即利用世界其他地方来思考自己的问题。安达鲁斯并不是指出西方世界的不足之处的"高尚的野蛮人"[1]。他比我更像一个现代人——精通计算机和电子学术语，价值观可能和我差不多，对传统世界的依恋和我这个局外人是一样的。他在加里曼丹舒适的空调平房里看到的，可能只是一种浪漫主义。他以一种无情的自我意识在我的伤口上撒盐。

"你看，出国后我才学会珍惜传统——如果我一直待在我的村子里，我会认为美国是天国。所以现在我回来参加节日。多年来，我们一直走出山区讨生活，但我们总是在节日里回老家花钱。这个人，"他指了指儿子，"不一样。他对传统生活方式知之甚少。他在国外长大。他不是托拉查人，而是现代印尼人。"

这个现代印尼人平静地注视着我们，抓挠着被蚊子咬过的地方。

天色越来越暗，我们向村庄走去。脚下细小的尘土踩起来像热带海滩的沙子一样柔软。内内克大步走着，约翰尼斯和我很难跟上。在一个可以俯瞰峡谷的拐角处，站着一个裹着蓝色

---

1. 指欧洲以外的族群善良、天真，不受欧洲文明的罪恶玷污。

毯子的男人，身高只有五英尺多，但留着令人印象深刻的茂密胡须。他高兴地笑了笑，握着我的手。我不太清楚如何表达友好，表示很欣赏他看管的这头水牛。我基于的原则是，如果你和一个人的狗成为朋友，你就是在和主人交朋友。

"这，"他宣称，"就是我花时间照顾我的水牛的方式。"

"你有很多水牛吗？"

"只有一头。"

"怎么可能花一整天的时间只为照顾一头水牛？"

内内克开心地大笑起来，并以一种我很快就熟悉的手势——握着的手指着我（一种礼貌的指别人的方式），无法抑制地笑了起来。

"这与数量无关。就像一个头发很多的年轻人，他哪怕只是用手揉搓一下，头型看起来就不错。但随着年龄的增长，头发越来越少，所以他打理头发的时间越来越长。照顾水牛也是一样的道理。"

水牛男也笑了。事实上，当然，像大多数托拉查人一样，他和内内克都有着浓密得夸张的头发。

"如果我有更多的水牛，"男人说，"我就会成为王猫。"

"什么是王猫？"

"这是一种特殊的猫，它待在家里，从不离开家。它从不接触地面。它会害怕。"

"它长什么样子？"

"它看起来和其他猫一样，只是它从不离开房子——除非主人把它带到谷仓去捕杀老鼠。"

在到达桥之前，我们一直在谈论这个生物。像许多托拉查桥一样，这座桥也有顶棚和许多座位。下雨天，桥是闲聊的理想场所。我从水牛男那里了解到，王猫是用来保护传家宝的，这些传家宝被存放在贵族房屋的椽子上和房屋对面的谷仓中。王猫应该只与被主人带到家里的其他王猫交配。托拉查人再一次通过动物谈论他们的阶级制度。拥有传家宝和受限制交配权的猫，成为贵族家庭的典范。

我们分别回到各自的房子里，但这相对较短的一段路，还是被雨水淋透了。我们浑身湿透，瑟瑟发抖。我的行李中藏着一瓶亚当王威士忌，是时候打开它了。"威士忌"是一个错用的礼貌表达或是一个极端讽刺的名字，瓶内是焦糖色的米酒。内内克疑惑地看着它。

"喝了对防感冒有好处，"我解释说，"就像吃药一样。"

"药？"他专注于这个词。很快他就感激地啜了一口，不过是用从厨房端来的茶匙。约翰尼斯的父亲走进来，咳嗽着，向瓶子投去充满期待的眼神，正要尝一些。这时他的妻子出现，在门口愤愤地看着他。他垂头丧气地把杯子放回桌子。

"我不喝烈酒。"他犹豫地说。

"这酒，"内内克说，"正让我变得强壮。明天来我家聊聊吧。约翰尼斯会带你来的。"

"什么时间？"

他可怜兮兮地看着我。"我没有钟表。直接来吧。"

他收起他的道具，俯身在阳台上，用恰到好处的压力推动鼻孔里的黏液。他穿着塑料凉鞋，拖着脚步，停在门口，转过身来，坏坏地咧嘴一笑。

"那药，"他彬彬有礼地说，"我能把剩下的带走吗？"他拖着脚走进了黄昏。

现在是提出微妙问题最适当的时机了。

"'浇水'的地方在哪里？"我问道。约翰尼斯含糊地做了个手势。

"我们在下面的香蕉树那边小便。至于洗漱，在这里有点困难。你必须出去站在其中一条溪流中。"

"你在哪里洗？"

"桥附近有一个地方。太冷了，现在没法去。"

"你能告诉我是在哪里吗？"

他善意地嘟囔着，但最后还是叹了口气。"我跟你一起去，你需要穿纱笼。我从酒店偷了小包装肥皂。"

托拉查的浴室绝妙无比。这是简单的岩石围墙，新鲜的山泉水通过竹管涌入其中。一根棍子固定在围墙入口处，棍子上披上纱笼以保护隐私。该淋浴系统适用于大约五英尺高的人。对于任何超过这个高度的人来说，一切都将一览无余。但现在正好天黑了，根本不是问题。约翰尼斯把一块肥皂按在我手里。我们轮流站在雷鸣般的瀑布下。他说的是对的。太冷了，但很清爽。然而，我们俩的肥皂似乎有同样的问题。它顽固地拒绝起泡，水质一定很硬。等我们回到屋里，煤油灯亮了，才明白原因。他偷的不是肥皂，而是小块巧克力。我们已经把它涂满了全身。

　　早晨带着强烈的戏剧性降临这个村庄，过程近乎可笑。从公鸡开始，它们傲慢地昂首阔步，向世界发出乏味的挑战，用爪子在波状铁皮屋顶上乱抓。狗也加入进来，然后是驴、马、猫、鸽子和孩子，大鸣大叫，发出一阵激烈的、包罗万象的喧闹声，把你从床上掀起来。然后是舂米——杵在石臼上不间断地敲击，让整个房子都在颤抖，直到你感到恶心。最后加入的是卡带播放器，它一遍又一遍地播放相同的六首流行歌曲，而不舂米的人则会带着浓痰漱口，慢悠悠地擤鼻涕。

　　然后是一个漫长的阶段，人们在不同程度的身体痛苦中蹒跚而行，摸索着、渴望着第一支香烟，伴随着快要溺水的喘息和巨大的咳痰声，往自己身上泼冷水；或者满脸困惑地在屋子里游荡，到冷得抱作一团浑身颤抖时，就不断调整纱笼，从牙缝中吸气。

　　整个村子里的人们都痛苦地蜷缩在角落里讨论着寒冷。他们挤在火炉旁，火炉的余烬已经被点燃，惹恼了总是睡在那里的猫。寒冷之苦无止境，直到太阳终于穿透寒意，让村庄恢复生机。早晨的寒冷总是让这里每个人感到惊愕，而且从来没有人准备应对它。我在马马萨买的毯子备受推崇，村里没有人费心为自己买一条，也没有人再织布了。早晨，人们常常讲到村子里曾有一座荷兰式的房子，并夸耀房里的炉子。天特别冷的时候，人们都会去那里躲着。但是，唉，一场山体滑坡已经把它摧毁了。

吃了一顿热腾腾的剩菜，喝过甜咖啡后，我们出发了。太阳已经升起，约翰尼斯确信，我们会发现内内克正在耕种他的水稻田，大腿上都是泥浆。我们闲逛了一会儿，爬上通往森林和高山的鹅卵石路。约翰尼斯指着一块从谷底垂直升起的岩石。

"那是，"他解释说，"提库先生[1]的堡垒。"我知道他是托拉查领导人，1906年荷兰人进入该地区时，他曾经反抗过。经过长时间的围攻，他被击败了。

"他后来怎样了？"

"荷兰人把他带到兰特包并开枪打死了他。"他的脸上浮现出愤怒的表情，"如今他成了英雄，但巴鲁普人曾与他作战。他烧毁了村庄，每个人都逃到马基去寻求希望。正当我们准备返回并打败他时，荷兰人来了。这就是为什么这里没有真正的老房子。"

我们继续前行，穿过一片雅致的竹林，竹子勾勒出令人难以置信的美景。山丘间穿插着许多溪流，许多地方只能通过滑溜溜的绿色竹竿搭成的桥才能走过去。约翰尼斯很高兴能像帮助一个老人一样搀扶我过去。

我们来到了另一个小村庄，站在一个山顶上。我一直被托拉查村庄的整洁和秩序所震撼，他们甚至种了花，并和大多数英国人有相同的喜好——草坪。但这里打破了我的印象。这个

---

1. 托拉查酋长，带领托拉查人在1905—1907年间反抗荷兰人占领高地，成为民族英雄。但他更多的是在当地无情地扩张自己的势力范围。

村子不一样，一团糟。我在其他任何地方都没有见过猪可以自由走动，并随心所欲地觅食。它们把房子之间的空地搅成了一片泥潭。村民们衣衫褴褛，看起来黏糊糊的。孩子们跑来跑去，呜呜叫着，拿着一把糯米糊糊放到嘴边。每个人的鼻子下都有鼻涕的痕迹。看起来好像有人一直在收集证据，以反驳"人是按照上帝的形象创造的"这一观点。突然，从一间房子里走出来一个衣冠楚楚的男人，有那么一瞬间，我以为他是建筑师班邦，但其实只是一个长相相似的人。他穿着一尘不染的白衬衫、长裤和一双锃亮的皮鞋，戴着一只大金表，梳着优雅的发型，头发像用一把尺子分开的一样。他用优雅的句法邀请我们进去。一具尸体躺在角落里，被包裹起来以备日后安葬。偶尔会有人站起来敲锣。

这个衣冠楚楚的人强烈地谴责了村民。他向我保证，他已经写信告诉总统这里村民们的落后，但奇怪的是没有收到回复。不过，总统是个大忙人。他曾向上帝祈祷，希望他们都被打倒，但上帝显然也很忙。尽管如此，还是有一两个人遭受了打击。他带着同样的激情继续摇头，然后突然站起来，用高亢的尖叫声即兴布道。很难知道他援引的是什么宗教，因为托拉查基督徒也将上帝称为真主，可他口中的分明是一位剑神。他的口齿非常伶俐，令人印象深刻。

其他村民围坐在一起，笑着窃窃私语。约翰尼斯得意地看着我。然后，我终于明白了。

"或许，这个人是一名教师？"我小声说。他们都笑着点点头。"他被自己的学识逼疯了？"他们咧嘴笑着又点了点头。那疯子继续说教着。他现在说的是闪电。

"他并不危险，"约翰尼斯解释说，"他的家人照顾他。但他这个人很无聊。"

"是的，我能看出来。"

"自从他们给他买了自行车后，生活变得轻松多了。"

"自行车？"

"是的，现在他不用向他们布道了，可以骑车到集市上向所有人布道。"

我们继续前行，向森林爬升。过了一会儿，我们来到了一个小村庄，里面有非常漂亮的传统房屋，是我见过的最高的。它们看起来很新，表现出一些不寻常的特征。其中一栋房子的窗户，按传统安装在墙上很高的位置，又按照现代风格被两幅裸体美人海报遮住。屋子上的雕刻更深，图案比我在山谷中看到的更大。远处有一个破旧的建筑，可以很容易被改造成一个温暖的家庭住所，但显然长期处于修缮状态。原本计划修建的游廊还处于初级阶段，木板没有固定，只是简单地铺在横梁上，会被粗心的访客踩翻。通往楼梯的木制扶手已经损坏并用绳子绑住。屋顶由木板条和波纹铁皮组成，搭建得并不协调，只是权宜之计。房梁上挂满了袋子和木工工具。这是一个建筑商的房子，一个忙于建设别人房子的人，以至于从来没有时间去打理自己的房子。内内克坐在那里，雕刻着一根大梁。他不仅是旧宗教的祭司，还是一名木雕师。

　　我示意约翰尼斯停下来一起观看。内内克全神贯注于他的工作。他的鼻子上架着一副和这所房子一样摇摇欲坠的眼镜。当刀在他手中划出光滑细腻的曲线时，他原本像木棍一样脆弱干燥的手变得结实了。一件有关内内克双手的奇事：多年来雕刻刀所带来的压力，使得他的大拇指展现出很长的圆弧。他的手以滑冰运动员般的优雅从黑色木桩表面上滑过，卷曲的木屑从他的手指间蜿蜒而出，精美的螺旋和环形组成的几何图案从背景中跃出。这是我所知道的最治愈的时刻之一，一种平静的感觉笼罩着小村庄，一种平稳的宁静感。内内克倾身向前吐了口唾沫，我惊恐地发现，他的唾液是鲜红色的。他是不是得了重病，在这潮湿的山里有个垂死的结核病艺术家？然后我看到他的下巴在咬合，木桩旁边放着槟榔。他像许多老托拉查人一样，把苦味的槟榔和酸橙一起咀嚼，因此牙齿被红汁染成了红褐色。

　　这是在完全与世隔绝的情况下发生的真实场景，令人遗憾。因为我有一种冲动，想与人分享这一刻，以铭记这种快乐。约翰尼斯打了个大大的哈欠。为什么其他人不应该看到这个？这将是一场精彩的展览。我可以带内内克去伦敦，这样他可以建造一座木雕房子或一个稻谷仓。展览不仅包括成品，而且包含整个建造过程。想法完成的那一刻，就被我否定了。想象一下签证、木材、资金方面的问题。也许内内克会生病。也许这是一种不道德的行为，一种将人变成表演动物的冲动。无论如何，这是永远做不到的。内内克抬起头，看到我们，咯咯地笑了起来。

这天剩下的时间我们都在看他工作。他谈到了与在建房屋有关的图案，包括它们的名称和含义。那天他起得很早，早点结束玛聂聂庆典，以便恢复创作活动。他的手又能拿刀了，真好。但是，唉，明天他又得停下来了，因为那个疯老师所在村的遗体要处理了。死者信奉古老的宗教，所以内内克将全权负责。

我们正要离开小村庄时，一个男人招呼约翰尼斯过去，他们进行了长时间的低声交谈。最后，他转向我，咧嘴笑了。"Makan angin？"他问道——"吃风？"这个俗语的意思是没有任何固定目的去散步。"是的，"我接受这位田野工作者的空洞幽默，"Makan angin。"

约翰尼斯笑了。"不，"他说，"不是'angin'——'风'，是'anjing'——'狗'。我们运气好。村里有一只狗感染了狂犬病，被杀了，所以我们就吃它。今晚你不会觉得冷。吃了狗肉会很暖和！"

第二天的仪式和我在山谷中看到的相比，有点质朴和粗糙。尽管内内克掌管着全局，依然显得很有尊严，但大部分实际工作都是由一个戴着水手帽的人完成的。这一次，路上有了多余的肉——死猪和水牛。一场拍卖开始了，拍卖品以看起来相当高的价格出售。这里没有游客。我很高兴没有被归入这种不讨人喜欢的类别。我是作为客人来到这里的，不是因为他们想从我这儿得到什么东西。

"再次感谢你给我的药。"内内克说。药？啊，是的，那瓶威士忌。

"但不吃肉只喝药是不好的。也许你愿意为我买下那块他们正在卖的猪肉。"

我决定说一点讽刺的话。

"我听说有狗肉出售。也许你更喜欢吃那个呢。"

"不。吃狗肉让你在女人面前显得很'强悍'。我老了,不合适吧。"我决定试着换个话题。

"你高寿啊,内内克?"

"过百了。"

"他七十多。"约翰尼斯说。他们互相瞪了对方一眼。

"我出生那会儿,我们不计算岁数。"内内克继续说道,"我出生在老鼠泛滥的那一年。一个老人是需要吃猪肉的。"

我叹了口气,给他买了猪肉。

让内内克去做展览的想法没有消失。但是我怎么才能让一个山里人理解这样一个陌生的概念呢?必须小心处理此事。我不想突然提出这个想法而惊吓到他。

"内内克,假设我想在伦敦建造一个有雕刻的稻谷仓,你可以做到吗?"

"当然。如果你喜欢,我愿意去建造它。我们今天就出发吗?如果你想要一个竹屋顶,我需要三个帮手,约翰尼斯、坦杜克,还有一个特别的人。我可以给你一份清单,列出所有需要的木材。我们不会讨价还价。一头真正的顶级水牛是我的收费标准。不过,你必须给其他三人一些东西。我们在英格兰也需要一些'苦力'。"

"苦力？"

"是的，帮我们搬东西。"

"去一个陌生的国家，你一点都不担心吗？"

"为什么要担心？当有工作要做时，雕刻师们习惯于离开他们的村庄去工作。不管怎样，"他握紧我的手，"我知道，如果遇见敌人，你会照顾并保护我们。"

"做计划需要很多时间，内内克。我不能先答应你。我必须先说服英国人，然后再说服印尼人让我们这样做。这将非常困难。"

"英国有木头吗？"

"那里的木头不合适。我们将不得不把木头从印尼带过去。"

"那没问题。我们可以选择木材。在英国有槟榔吃吗？"

"没有槟榔。"

"那可能是个问题。没关系。你和我一起工作。以前他们想要在雅加达展览一座托拉查房屋时，就从克苏带走了一个人。这个人从未停止吹嘘这件事。这会让他闭嘴的。"他凝视着远方，眼中闪烁着幻想的光芒。不知为何，我想到的是给会计办公室寄一份顶级水牛的账单。

第九章　夫妻关系仪式

作为一个现代托拉查人，约翰尼斯有时会表现出一种奇怪的假正经。这在内衣，即"穿在里面的衣服"上表现得尤其突出。印尼男性喜欢结实、经典的内衣，它们牢固而又宽大。我自己的"穿在里面的衣服"在逗留期间有点短缺，因此向约翰尼斯咨询了获得补给的可能性。这似乎极其困难且微妙。大多数内裤在集市上由女性出售。因此，我不可能去那里买。女摊主会咯咯地笑，询问有关尺寸的问题并捂住鼻子。他也不能要求女性亲戚为我购买内衣，因为我将不得不详细说明这些衣服的松紧程度。

幸运的是，他有一个男性朋友可以帮忙。在夜色的掩护下，我们来到了城郊的一家小店。低声交谈后，我被允许查看并购买几条内裤。它们被迅速卷起来，并用厚厚的多层报纸包裹。我们像毒贩一样偷偷摸摸地匆忙逃回。整个过程像是给我带来了巨大的恩惠一样，这种感觉太强烈，以至于我都不敢讨价还价。

这件事过几天又重新浮出水面。一天早上，我被一个非常激动的约翰尼斯的家人吵醒，他非常愤怒地向我挥舞着"内衣"。

我在前一天洗了那些令人不快的东西，然后晾在房子前面的晾衣绳上。我应该把它们挂在房子后面，这样只有家人才能看见。

更糟糕的事情还在后面。约翰尼斯的堂兄住在隔壁，是个有点笨但脾气很好的人，他被内衣和竹子的搭配弄得很丢脸。

节日后的第二天，我们被隔壁愤怒的声音吵醒。大部分时间都是一个女人在说话，换一种说法，是在大喊大叫。约翰尼斯立即跑到厨房，把一只耳朵贴在脆弱的隔板上，咧嘴笑着点点头，令人恼怒地不愿翻译。最后，他非常高兴地翻译起来。堂兄的事迹似乎被发现了，他在喝了很多棕榈酒后，和村里的另一个女人一起去了竹林里。那位女士名声不好。她的母亲在战争期间与日本士兵交好。据传她父亲就是日本人。堂兄的声音咆哮着，只给出简短而狡猾的回答，那是被发现做了坏事的男人的声音。他的做法并没有平息妻子的怒火，反而将她推向新的愤怒狂潮。一阵长长的尖叫声响起，接着是明显的击打声，然后——突然——寂静无声。

第二天，堂兄开始和我们一起吃饭。他的妻子已经回了娘家。一个男人自己做饭，这是不可想象的。目前还没有人怀疑发生了什么，这个男人不得不去找他的妻子，赔礼道歉，直到她同意回来或她的娘家人让她回来。因此，当这位堂兄消失了几天时，也就不足为奇了。出乎意料的是，他回来时，仍是独自一人，而且心情非常糟糕。没有人敢问他妻子的事。偶尔，他会试图唤起我对穿越山脉到马基探险的兴趣。人们仍然在那里制作布料。山脉很难穿越，我们将不得不睡在森林里，那里有很多水蛭。我想到了从马马萨骑马过来的情景，于是推诿了。

　　然而，堂兄的妻子突然回来了。现在换作她心情不好了，而他则是傻笑着在村子里大摇大摆地走来走去，像一只斗鸡一样张扬。毕竟，他占了上风。她的家人把她送回来了。

　　公共洗衣间附近有一家小咖啡店，是通往外面世界的中转站。男人们经常聚在这里打牌、喝咖啡或通过手势与店主的聋哑儿子交流。托拉查的每个村庄看起来都有聋哑人，但没有人教他们手语。这位堂兄是一个玩牌老手，经常在这里出现。

　　一个贞洁而顺从的妻子的工作之一就是洗衣服，包括丈夫的"内衣"。因此，当堂兄在咖啡店混时间时，受委屈的妻子带着要洗的衣服出现了，这并不奇怪。聋哑人喘着粗气，指指点点。堂兄冲着他的狐朋狗友傻笑，打起牌来比平时更加神气十足。妻子把他的内裤铺在石头上，开始洗衣服。他仍然对着她傻笑。她把头发向后梳，抬头看着他。然后，她抓起一块大石头，自言自语地哼着歌，重重敲打着他一条条内裤的裤裆。狐朋狗友们幸灾乐祸、满怀恶意地哄然大笑。聋哑人也狂喜地咕哝着。她已经回归了妻子的职责，但仍然设法掌握最后的话语权。这位堂兄的苦难并没有就此结束，约翰尼斯已经把他贬低为一个会沦为笑柄的人了。

　　和许多基督徒一样，约翰尼斯对源自神秘力量的奇异现象有着特殊的癖好。在托拉查，与旧习俗的妥协中，基督教丝毫不反对人们对自然之灵、鬼魂和隐藏力量的信仰。他对这些事情的了解随意而粗略，经常带我去做一些劳而无功的事。有时这不是他的错。人类学到处都是错误的线索。

有一次，我对一类特殊的牧师表现出兴趣，这种牧师被称为"burake tambolang"，与东方和生育有关，并且有奇怪的性别身份，是雌雄同体、双性恋或异装癖——托拉查人似乎不清楚这些区别。在巴鲁普，这些人物被视为异国情调，尽管内内克本人被恰当地称为"indo'aluk"，意为"传统之母"，他却无法解释这个女性化的称谓。然而，内内克对"tambolang"的主题很清楚。

"他们是男性，但不能生孩子，因为小弟弟很小。他们声音很尖。'tambolang'是唯一可以进入谷仓的人。"有趣的是，那天我也进了一个谷仓。内内克向我挥了挥手说，"哦，你。你无所谓。你是个白人，所以不熟悉。反正那是古代的事了。如果一个男人不想挨饿，他就必须爬上谷仓拿吃的。"

根据文献记载，这样的人物已经不存在了。因此，当约翰尼斯坚持说他认识一个在兰特包的这样的人并要带我去时，我特别感兴趣。

这个令人生疑的男人很瘦、很老。他的房子里挤满了狗和孩子。我小心地从侧面提起这件事。我讲到我对旧习俗很感兴趣，听人说他的家人知道这些事情。他表示赞同。我问他可能知道任何关于"burake tambolang"的事情吗？一阵沉默。他很尴尬。"谁跟你说的？"他问，瞪着约翰尼斯。"那是我父亲。我对此一无所知。"他显然很生气，"我不想再谈这件事。我记不起关于父亲的任何事——除了一件。"

"是什么？"

"对巧克力的喜爱。"

不管怎样，我还是很高兴。如果他的父亲是"tambolang"，那似乎可以确定"tambolang"是男性。然而，约翰尼斯准备推翻我的肯定。

"别忘了，很多托拉查人都是被收养的。我们总是抚养着彼此的孩子。"所以我一无所获。

约翰尼斯带我去见另一个巴鲁普人，声称这人可以从外面拿来水牛角，让它们像活着的时候那样相互打斗。我问了这个人，他看着我，好像我是个疯子。他温和地解释说，一头水牛死了，它就是死了。死亡的一部分已经不再移动了。他盯着我，好像很害怕，认为我可能是危险的。

"他很害羞，"约翰尼斯毫不掩饰地说，"不管怎样，他只会认为你是一个被自己学识逼疯的教师。"

这些事没有损坏约翰尼斯的信誉，另一件事却做到了。

有一天，他出现在我面前，冲我咧嘴笑着说："你一定乐意听到这个。"我怀疑地看着他。"今晚隔壁将举行一个特别的仪式。"

"什么样的仪式？"

他一脸害羞，翘起脚趾，盯着自己的脚。"是我安排的。"现在我真的充满怀疑了。

"都是过去的东西。你看，通常当一个人运气不好时，他会去找一位专家，专家建议他向家里的中心柱子献祭。我已经说服隔壁的堂兄杀一只鸡献祭给柱子，我会帮忙举行仪式。"

"你去帮忙？不应该是内内克吗？"

"内内克不想做，但他已经告诉我该怎么做了。我只是以为你想知道这件事。仪式就在隔壁。"

"谢谢你。"我感到有一种神圣的光芒。我对旧习俗的兴趣在这个年轻的异教徒心中激发了回应。

"哦，还有一件事。我想做一些关于这个仪式的笔记。我想要一支钢笔，最好是红色、防水的。"约翰尼斯一直很喜欢我带的这些笔。这个请求唤起了我的教学本能。

"当然。"

他把钢笔放进上衣口袋，然后哼着歌走了。

那天晚上，我们都聚集在摇摇欲坠的小房子里。那里有很多年轻人，都是约翰尼斯的朋友，我不得不挤在后面。约翰尼斯布置好了，堂兄坐在那里，背靠着一根大柱子，神情紧张。约翰尼斯和村里的其他一些年轻人围成一圈坐在他身边。没有一个老者露面。一盏油灯放得很低，从下方照在他们的脸上，显得古怪而诡异。传来一阵窃窃私语。堂兄面前摆着一小堆火，上面放着一个小圆底陶罐。人们准备了一把刀和一些干枯的树根。约翰尼斯继承了祖父的所有庄严。他敲击地板以提醒大家保持安静，然后开始和其他人一起唱歌。他盘腿而坐，上身前后摇晃。一阵略显不合时宜的笑声传来，约翰尼斯转身怒视，那人立刻屈服了。合唱持续了一段时间，随后在约翰尼斯的指示下，一个小男孩带来一只白色的小鸡，递给了他，然后飞一般地跑了。约翰尼斯把鸡高高举起，挥舞着，割开了它的喉咙。他把鲜血洒在堂兄的额头上、柱子和锅上。配料被一一搅拌到炖汤中。一股难闻的气味弥漫在房间里，如走味的胃胀气一样。约翰尼斯像一个大祭司一样在念咒。内内克教过他这样做吗？他开始把手伸进蒸气中，用手指轻轻地抚摸着锅和脸，吸入蒸气。堂兄也被告诫要这样做：吸气、抚摸锅，将锅的力量揉进他的皮肤，重复一样的话语。突然一阵尖声大笑传来，有人开灯了。所有的年轻人都在哄堂大笑，使劲拍着地板，只剩下我和堂兄惊讶地盯着对方，然后我看到了堂兄看不到的东西：约翰尼斯把我钢笔里的红墨水胡乱涂抹到了整个锅的内部。现在倒霉的受害者脸上全是墨水，并混合着煤烟。墨迹不容易擦掉，他花了两天的时间才弄干净。

我本应该感到恼火，因为感觉我的信任被辜负了，但我的主要反应却是，约翰尼斯没有选择我作为受害者，这让我松了一口气。

虽然我很想留在村子里，但现在是返回乌戎潘当的时候了。我的签证即将到期，因此不得不去办理延期。我确信，在移民办公室可以很快办好。要离开村庄而不带着内内克，需要偷偷摸摸才行，他一心想要去城市做个短途旅行。我们原计划是步行下山，但不幸遇到了来时乘坐的卡车，正好同方向行驶。我们以前的罪行被原谅了，司机督促着我们爬上车。我们很不情愿地答应了，甚至坐到了驾驶室中的荣誉座位。一到泥泞路段，卡车又动不了了。我们又经历了挖掘、推车、找石头的相同步骤，持续了至少一个小时。最后，约翰尼斯推了推我："我们走着去吧。"

每个人都停止手头的工作，看着我们背信弃义地离开。约翰尼斯吹着口哨，我则低下了头。

这真是美好的一天，空气清新，天气晴朗。我们遇到了一个人，他正在给水牛喂一捆长长的灯芯草，就像把木板塞进圆锯里一样。我们一起走了一会儿，讨论了很久哪些仪式需要用购买的水牛，哪些则可以用自家饲养的。再往前走十二公里，我们到达了主干道，在那里有希望碰到去市区的公交车。我们坐在咖啡馆旁等待，和孩子们一起玩。我们喝咖啡、尿尿，然后喝更多的咖啡。老板开始试探询问要不要过夜的床位，因为一直没有巴士过来。那个精神错乱的教师出现了，开始跟我讲他的工业发展计划。突然，远处传来了汽车的声音，约翰尼斯和我赶紧站了起来，唯恐它直接驶过去。结果拐角处开来了我们曾背弃的那辆卡车。

现在不是嘴硬的时候。约翰尼斯向他们挥手致意，对他们的好运表现出一种极不真诚的喜悦。司机狠狠地盯着我们。最后，大家一致同意我们可以回到车上。但是我们失去了前面的座位，还不得不再付一次钱。

第十章　让我叫你Pong

乌戎潘当的移民局办公室位于海港旁边，是一栋看起来灰扑扑的混凝土建筑。一大队人坐在那里等着，看起来都十分沮丧，好像等待了很长时间，看不到解脱的希望。接待桌后面没有人。这些在排队的人是从海军学院毕业的海员。他们马上对我友好起来，我们彼此打趣对方护照上的照片。我试了试他们的帽子，对我来说都太小了。大约一个小时后，六名穿制服的官员抬着一张巨大的、耷拉着的图表摇摇晃晃地走了进来。在接下来的四十分钟里，他们试图把它固定在墙上。然而，事实证明这堵墙是坚固的混凝土，所有的努力都不管用。最后，他们放弃了，把图表靠在一个角落里。到这时我们才看清图表上写的是什么。这是一张字迹完美的图表，其陡峭上升的曲线显示"办公室效率的不断提高"。

　　我们开始填写表格。海员们在一旁帮忙，好心地解释：在开始办事之前，我需要从拐角处的商店购买一份档案表，否则没人会处理我的申请。"这家店，"他们低声说，"归办公桌后面那个人的兄弟所有。"找那家商店花了一些时间。结果当我带着档案表回来的时候，办公室正准备下班。我说："但现在才十二点。"对面的男人耸了耸肩:"别忘了今天是星期五,我们提早关门是为了方便大家去清真寺。我们明天八点开门。"

接下来的一周,签证延期没有取得任何进展。处理我申请的那个人不愿意提供帮助。

"英国人?"他冷笑着说,"我去英国的时候,英国移民局的人把我当狗一样对待。是的,有一个英国人来申请真是太好了。"

他让我在城里转了三圈,完成一系列冗长的书面工作。最难的是从劳工部的负责人那里拿到证明文件,该部门说我其实并不需要他们出具的任何文件。海员们也遇到类似的问题。处理申请的人让他们花大价钱购买爱国贴纸。到第一周结束时,他们的档案都粘满了贴纸。这些纸片上都是鼓吹体育活动、计划生育和爱护环境之类的话语。

在我的档案被"处理"的漫长间歇期,我参观了一所正在建造中的新大学。这所巨大的学校位于郊区,我来这里是为了寻找在英国短暂见过的一个人,却始终没有找到他,但很幸运地,我走进了一位教英语的优雅女士的办公室。在谈话过程中,我描述了在移民局办公室遇到的困难。"这个人叫什么名字?"她问。

"阿伦。他是来自苏门答腊的巴塔克人[1]。"

"我不认识他。我们今晚在酒店举办派对,"她说,"你一定

1. 巴塔克人,印度尼西亚民族之一,主要分布在苏门答腊岛北部。

要来。"

乌戎潘当有很多酒店，但只有一家是跟奢华沾边的，位于海边，有着摇曳的棕榈树，海浪不时发出轻轻的回响。大厅里的一个标志告诉我，今晚派对的目的是送别一位来访的美国教授。当我走进酒店的时候，他握了握我的手。"在过去的两年里，我非常喜欢和你一起工作。"他十分"真诚"地说道。

招待我的女主人伊布·侯赛因是院长的妻子。我被介绍给院长，一个脸圆圆的、总是面带微笑的人，他用食物堆满了我的盘子。这场派对和英国类似的活动完全不一样，有很多演讲，大部分是用英语。一个眼神疯狂、身穿蓝色紧身西装的男人做了个长长的演说，讲述他在美国的经历，在那里他学会了不用付钱就可以坐公共汽车，并且用一分钱就能从一台机器上榨出许多罐可口可乐。另一个男人站起来，带着强烈的不满提到，在他离开美国前的告别派对上，被要求支付食物的费用。院长站起来透露，他曾在马尼拉学习过，但那里的公交车司机欺骗乘客，而不是乘客欺骗司机。那时他很穷，唯一能吃饱的方法就是参加每周为新印尼学生举办的招待会。这意味着他必须乘公共汽车去机场，然后和一拨新生坐车回来。从来没人认出过他。

一些学生，看着干干净净、极度害羞，用难以理解的英语背诵诗歌。一个年轻人站起身来，指了指即将离开的教授："这个人是我的父亲，我非常爱他。"然后开始哭泣。一只高傲的流浪猫以优雅的姿态穿过屋顶横梁，这时院长开始用各种语言唱

《友谊地久天长》。到目前为止，听得最明白的是日语版本。

约翰尼斯住在城里的托拉查人聚居区，一个宜人的地方，靠近被菜园环绕的大池塘，唯一的缺点是有大量的蚊子。派对结束后，我觉得还有余兴，决定去拜访他。我们和房子里的其他托拉查人一起去喝棕榈酒，在一个大院子里，坐在粗糙的木凳上，竹筒里的酒冒着泡，靠在墙上隆隆作响。过了一会儿，一个矮胖男人骑着摩托车直接进了院子。顿时每个人都安静了下来。"警察。"约翰尼斯喃喃道。男人坐在摩托车上，点了一根烟，环顾四周。

"那个荷兰人是谁？"他喊道。约翰尼斯不情愿地转过身。

"一个游客，帕克。他要去托拉查。"

"把他弄过来。"

他上下打量着我。问我叫什么名字、住在哪里、为什么和这些人在一起，难道我不知道这是一个非法的饮酒场所吗？在场的都是坏人，我简直是给自己找麻烦，但我又是这个国家的客人，他会带我去别的地方喝酒。我正要抗议，但看到约翰尼斯用意味深长的眼神看了我一眼，然后摇了摇头。于是我骑上他的摩托车，一起出发了。

我们的目的地是另一个非法饮酒场所。我花了三杯啤酒的钱和一个小时的时间来了解他所遭受的许多苦难，在巴厘岛家乡的村庄里，在警察部队里，在他的妻子那里。

"多喝点。"他要求。我觉得是时候试试撒一个大谎了。

"抱歉，我必须回去。明天早上我得去见省长。"他看着我。

这是真的吗？他对此表示怀疑，但不能确定。然后他从长凳上翻下身，站起来。

"带你回酒店。"他口齿不清，"我国的客人。"我们骑着车歪歪扭扭地左右穿行，回到了我所住的炎热、压抑的地方。我告辞了，感谢他"照顾我"。

"等等，"他说，"现在有一件事。我的车好像没油了。你身上不会正好有一千卢比吧？"现在没法改变我懦弱的姑息政策了，所以我给了钱。

"你叫什么名字？"我问道，试着用问英国警察电话号码一样的腔调。

"维纳斯。"他说，"我的名字是维纳斯。"

日复一日，我每天去移民局。有时阿伦在那里，就有新的任务要我去完成。有时他根本不在，我就只好干等着。然后，在一个不平凡的日子里，办公室主任的门被推开了。我曾多次尝试去见这个人，但总是被推回阿伦那里。但这次他以一种恭敬的态度走近我，对我鞠躬奉承。

"我希望，"他说，"您被照顾得很好。或许我可以帮您做些什么？"不知从何讲起。当我开始讲述我遇到的困难时，他面带讨好的微笑。五分钟后，我离开了办公室，签证只被延长了三周，光办下来就花了十二天。走的时候，办公室主任还为我开门。

"拜托，"他说，"代我向伊布·侯赛因问好。"

我跟大学联系，打通了院长的电话。

"啊，"他叹了口气，"他不应该说什么的。我妻子今天早上碰巧经过移民局。你看，正好办公室主任是这所大学里的学生。他想要升职，需要通过一个考试。他觉得这门课很难。或许，如果签证的处理时间更短些，他就会有更多的时间来学习，课程就不会显得那么难了。"

"我明白了。我该怎么感谢你？"

"别客气。很多英国人曾待我很友好，所以我也会友好待你。也许将来你可以对印尼人友好。"

回到旅馆时，我发现房间的门半开着，能听到里面的说话声。我的心沉了下去。显然是英语俱乐部终于找到了我，他们说的不规则动词让我的生活变得难以忍受。尽管如此，我还是得对印尼人好一点。带着僵硬的笑容，我打开了门，是移民局遇到的海员们。

"我们从表格中看到了你的地址，"他们说，"并告诉这里的人，我们都是你的表兄弟。我们来看你，以免你感到孤独和悲伤。"

我给他们讲了办理签证遇到的那些不寻常的事。他们微笑着拥抱了我。难道我那么不惹人爱吗？

"你可以和我们一起去看蝴蝶。"我想到了泗水的动物园。我宁可面对老城区里的灯红酒绿，独自无聊地打发漫长的时间。

"我妻子不会喜欢的。"

"她宁愿你悲伤地坐在这里，也不愿你和我们一起去看美丽的蝴蝶？那不可能。"明白了吗？也许我的参与仅限于偷窥者的角色。

"现在才上午十点，看不见蝴蝶的。"

他们认真地点头。"蝴蝶活动得很早，清晨既不炎热也不会感到疲倦。此外，我们还专门为你借了一辆卡车。"确实，外面停着一辆印尼海军专用的蓝色卡车。我无以为报，欠印尼人一份善意，跟着去了。

在蝴蝶保护区外停下来时，我松了一口气。我们度过了愉快的一天，啜饮着温暖的橙汁，看着漂亮的鳞翅目昆虫。这完全不像与英国人一起外出的一天。

我们在日落时分返回。

"你来我们在饼干厂附近的房子吧。"他们中的七人住在一间简陋的小屋里，屋内贴满了一位美国流行歌手的照片，"我们喜欢她，因为她是处女。她在歌里唱过这事。"[1]他们解释说。

"可是你们那么多人，是怎么睡的？躺不下这么多人吧？"

"我们轮流睡，有些人睡到凌晨两点，然后出去让其他人躺下。布鲁诺白天睡觉，他来自伊里安查亚。"布鲁诺脸上呈现了一个黑人咧嘴式笑容。

太阳落山，温暖的尘土吹拂在脚边，我们咀嚼着从隔壁工厂购买的廉价碎饼干。此前或之后，我从未感受到如此温暖的陪伴。

---

1. 指的是美国流行歌手麦当娜的《宛如处女》（Like a Virgin）这首歌。

一想到穿越森林前往马基的长途跋涉——约翰尼斯的堂兄建议的——我就不愿意去。然而，正是在那里还有传统的织布工。幸运的是还有一种选择，一位有名的托拉查织工最近从卡伦潘搬到了马穆朱。运气好的话，如果在黎明时分动身，乘大巴一天内就可到达马穆朱。

回想起来，这段旅程仍有一种不真实、噩梦般的感觉。印尼人是优秀的司机，他们只有这样才能在这个行当中生存下去，但仍有两次差点发生危险的事故，一次是一匹马从旁路冲出，另一次是一头水牛撞上我们那辆挤满乘客的小面包车的侧面，当时我们正沿着狭窄的柏油路疾驰。然后是第三起事故，一名聋哑妇女走到了我们的路上。在这样紧张的时刻，时间似乎都放慢了。不知何故，我们有足够的时间尖叫并指出那名妇女就在我们前面几英寸远的地方，还有时间让司机转到一个深的排水沟，然后再次冲出去，把一群学童吓得魂飞魄散，他们惊恐的脸像被吹到挡风玻璃上的树叶一样。所幸没有人受伤，真是奇迹，但离合器从车底掉下来了。然而，这是印度尼西亚，不能让车在车库里待两个星期慢慢维修。司机冷静地坐下，生起一堆火，把损坏的零件重新装好，我们在两个小时内再次出发了。

两边是郁郁葱葱的稻田，每两年可收获五季稻谷。到处都是看起来很精致的房子，闪闪发光的新建清真寺清楚地表明，我们身处布吉人聚居区，这些有进取心的海员在该群岛的许多沿海地区都建有聚居地。道路上点缀着由壮硕的马拉着的小推车。除了清真寺，这里看起来很符合美国人想象中美好而简单的生活。

路开始沿着海岸延伸，我不明白为什么任何旅行指南都没有提到这个地区。金色的沙滩环绕着清澈湛蓝的大海，简单、带阳台的木屋在海浪和阳光下显得格外醒目，渔民在修补渔网，妇女在织布。赤裸身体的棕色儿童在水池里大笑，嬉戏。巨大的露出地面的岩层将飞扶壁顶向万里无云的天空。我开始兴奋地想象马穆朱的样子：酒店是一座白色的大型木建筑，带有阳台，我可以在那观看热带地区日落的壮丽景色，菜单里尽是海鲜。这就是一个旱鸭子的幻想。

这之后，情况很快就变得不对劲了。当我们驱车深入布吉人领地时，司机驾车猛地拐向那些坐在路边的无辜路人，车滑出长长的弧线，最终对一只小狗造成了致命的伤害。他对乘客们咧嘴笑了笑，其中有几个人对着他发牢骚。

"狗是不洁的。"他说。

也许，不是出于偶然，而是外语不够流利，加上神学理论不足，凑在一起使一个人说的话听起来像《圣经》。"连不洁的野兽也是上帝创造的，杀死它们的人是傻瓜。"我居然真的说过这话吗？司机噘着嘴，生起闷气。可能正是这一点导致他宣布，在没有加钱的情况下，他不愿意带我们到下一个城镇以外的地方——尽管他给出的理由是时间已晚和道路状况不可预测。

我不想在马杰内过夜。毫无疑问，这个城镇已经足够让人满意，但它无法与我想象中的马穆朱应有的乐趣相提并论。在集市转了一圈后，我终于找到了一个当晚要去马穆朱的人。唉，他只有一辆扁平的皮卡车，驾驶室已经满员了，不过他同意我支付一点钱坐在后面的车斗上。那是一个美丽的黄昏，阳光柔和。马穆朱离这里只有一百公里，这次旅程将是一种享受。

相当尴尬的是，我不能简单地蜷缩在后面。那里安装了一把高脚椅，我只能以挺直的姿势坐在上面，就像殖民时期的总督一样。司机开着车，庄重而认真，在十字路口大方地停了下来，仿佛希望尽可能多的人看到我。

稍微有点不幸的是，这一天是朝圣者从麦加返回的日子。他们戴着标志朝觐身份的白色头巾在街道上列队行进。道路两旁挤满了期待的人群，人们伸长脖子，焦急地等待着他们亲人的归来。在艰苦的旅程中，这些朝觐者的虔诚被提升到了新的高度。这是一个期待个体转变的日子，罪人可能会以圣人的身份回归，近亲可能会因与圣人的接触，而变得难以辨认。卡车以一种礼节性速度行驶，有助于将它与这样的游行联系起来。随着车辆前进，虔诚的低语声响起。当人们看见我在高脚椅上的那一刻，低语被无法控制的笑声打断了。这种荒谬实在太让人意想不到，使得一个人惊愕地从阳台上摔了下来，另一个人打翻了手中的茶壶，仿佛灼热刚刚渗入他的手指。每次我们在路口停下来，欢呼雀跃的人群都会善意地涌上来，他们轻轻地捏着我的胳膊，说着他们知道的唯一一句英语。"Yes，"他们低声说，"Yes。"

这种大规模游行一直持续到夜幕降临，我们快要到马穆朱了。人们进入屋内躲避仿佛从天上不断往下掉的密集蚊虫。道路被浓烟笼罩，因为房子下面点燃了成堆的椰子壳以驱赶蚊虫。人们可能认为蚊虫很难追上一个坐在皮卡车后面旅行的人，但它们做到了。蚊虫围着我蠕动和啃咬，直到我被迫点燃香烟以驱赶它们。

马穆朱像是故意侮辱其他海岸的美景，除此之外没办法解释。一看到它，我就开始祈祷自己能勇敢地面对森林里的水蛭。一片肮脏邋遢的混凝土住宅聚集在尘土飞扬的盆地周围。城镇中心是一个巨大的腐烂垃圾堆，上面建起了食品集市，看起来非常危险。这里曾经有美丽的海滩，但现在被混凝土板覆盖，更多的垃圾被倒在上面，山羊在那里觅食。几年前，一场地震损坏了城里的水管，城里大部分地区至今仍然无法正常供水。这家昏暗的酒店极其炎热，根本没有水。房间之间的薄纸板隔断上被戳了洞，相邻的住客都能彼此偷窥。城里唯一的食物是油腻的鱼头炖肉。我辗转反侧，度过了被蚊虫持续袭击的不眠之夜，天一亮，我就逃到了城里的托拉查人聚居区。

这些地区的民族认同主要基于宗教。如果你是穆斯林，你就是布吉人，如果你是基督徒，你就是托拉查人。成为穆斯林的托拉查人通常不再被承认为托拉查人。

托拉查人的定居点聚集在他们的教堂周边，在这里我见到了阿内卡，她正是我要寻找的那个女人。作为介绍，我带来了一封信，是一个巴鲁普的女人给我的，她是阿内卡的女儿。阿内卡四十多岁，面容憔悴，守口如瓶。她读了信，邀请我住下来。"我们可以一起读《圣经》。"她提议道。和约翰尼斯的母亲一样，她也皈依了基督教，基督教在她的生活中占据了重要地位。我觉得这很好。我所学的大多数语言都是从相应的《圣经》翻译开始的。《圣经》常常是唯一用这种语言印刷过的书。

她和丈夫用一种奇特、虔诚的洋泾浜语讲话，所以宣布坏事时总是这样开始："这是上帝的旨意……"而宣布好事时会变成："上帝已经开辟了道路，以便……"我很快就接受了这样的说话风格。第三天，当她的丈夫问我是不是要出去"浇大水"[1]时，我不是要故意搞笑，顺口回答说："如果上帝开辟了道路。"

她背离了原有的宗教信仰，不过阿内卡起初完全就是一个传统的织布工。从她种的棉花丛中收集白色绒毛，再转化为美丽的蓝色和红色纺织品，她就是这个漫长过程的女主人。在长时间阅读《圣经》的间隙，她热切地展示了从植物中制备染料的方法。我注意到她用了将近两升辣椒来固定一小块布的颜色——这揭示了我对马马萨路上的毯子产生不良反应的原因。被称为"sarita"和"seko mandi"的布料对托拉查各地的节日都非常重要，用来装饰人和建筑物。特定的布料被赋予特殊的力量——灭火、预测可怕的事件——它们很快成为传家宝。

布料是通过一个相对简单的过程制成的，首先将经线在框架上伸展，部分用塑料绳隔开，然后整体涂上染料。干燥后，移除部分保护绳，并用其他颜色的染料重复该过程。线被平分

1. 指洗澡。

成两部分，被编织成两块布，然后缝合在一起，形成由两个相同部分组成的单一纺织品。最终得到的是一种厚实、柔软的材料，上面装饰着鲜艳富丽、明亮温暖的颜色，随着岁月的流逝，这些颜色将变得柔和。特别有趣的是，木雕中使用的一些图案也出现在布料上。阿内卡给这些图案取的名字与内内克取的相同，但她坚持认为雕刻图案是从纺织品中复制而来的，而内内克则认为过程是反过来的。对他来说，雕刻图案是从天上掉下来的，是现成的。对于阿内卡来说，这些图案就是像她这样的女性创造发明的，也许正是这一点鼓励她进行创新。在讨论这个问题时，学者们倾向于选择二者之一作为原始来源，而忽略了这样一个事实，即在如今迅速消失的图案及其来源中，至少还有第三个变量。她已经开始在实验性的创造中加入十字架、羊和其他基督教符号，她还不敢向世界展示这些布料作品。特别让她困扰的是绵羊，因为她不确定自己是否见过真实的绵羊。

用了将近一周的时间，我目睹了布匹制作的全过程。我带着一种清晰的解放感，登上了回托拉查的公共汽车，我的脚下藏着一大包阿内卡制成的布料。然而，很快它们就被移走了，让位给了椰子。布匹被用作一个头发直立的毛孩的座位。他惊奇的眼神一直盯着我。

对一个矮胖男人，人们展示了格外的尊重，他被煞费苦心地安排坐在司机旁边。他经常被大家称呼为巴帕克[1]，可见是个

---

1. "Bapak"，敬语，意为父亲，与英语中的"sir"相当。

有地位的人。他的空间被小心翼翼地保护起来，不被别人侵入，因此越来越多的乘客挤到我们坐的地方，我们却只能愤愤不平地看着这一切。最后，司机出现在侧窗前，向巴帕克做了个手势，虽然是恭顺的意思，但意味着巴帕克应该动一动让另一个人上车。巴帕克喘着粗气，烦躁地呷呷嘴。我们幸灾乐祸地笑着。他的"堡垒"被攻破了。门开了，一个我见过的最漂亮的女孩从他身边上了车。他转过身来，斜眼看着我们。

公共汽车开动了，椰子在我们脚边隆隆作响。男孩的妈妈将一把把米饭塞进他嘴里时，他仍然惊奇地盯着我看。

在到达的第一个城镇外，一名拿着步枪的警察招手把车叫停。车上一片寂静。警察上下打量着车，绕着它从容不迫地走了一圈。他摘下了墨镜，挥枪示意司机下车，同时将拇指插在腰带上，开始了冗长的演说。从窗户飘进来只言片语："……对乘客构成危险……尊重法律……共和国的完整性。"司机低着头。我们都凝神坐着。

"超载了两名乘客。"巴帕克说，"他是以很高的标准来评判的，这回要花很多钱。"

演讲又持续了几分钟。警察开始彻底检查车辆——车灯、轮胎——并要求提供一捆一捆的各种文件。然后，他带领司机绕到车后去。

"这是个好兆头。"巴帕克点点头说。

可以听到司机说："是的，帕克。但我想就这一次，可能是疏忽了。"

司机回来了，自以为是地咧嘴笑着，启动了引擎。

"多少钱？"巴帕克问道。

"两千，但他甚至没有注意到，我给他的驾照不是我的。"他笑着把汽车猛地挂上挡。

在下一个拐角处，两名乘客挥手让车停了下来，然后上了车。车子恢复正常。

旅途的大部分时间我都在打瞌睡。那天晚上晚些时候，我在短暂的清醒中，看到一座山在月光下闪闪发光。我一下子就认出来了。旁边的年轻托拉查人醒着。

"这不就是，"我问，"先祖时代有天梯连接天地的那座山吗？"

他看着它，无所谓地耸了耸肩："或许是吧。但我们称之为色情山。如果你看看岩石，就会发现这是男性，那是女性……！"

抵达兰特包感觉就像回到家一样，这是个其貌不扬但亲切的小镇，居民开朗随和。旅馆里，约翰尼斯和一个又高又瘦的男人在一张椅子上互相靠着，嘴巴大张地睡着了。见到他们让我很高兴。

约翰尼斯的朋友名叫俾斯麦[1]。我很想把他介绍给叫希特勒的那个人认识，但我想他们不会明白个中缘由。据俾斯麦自己所说，他过着有高度冒险精神的生活，是托拉查贵族中的一

---

1. 奥托·冯·俾斯麦（Otto von Bismarck，1815—1898），德意志帝国首任宰相，人称"铁血宰相"。

员，或者用他的话来说，是"黄金阶级"。这在他的举止上很明显。与非托拉查人交谈时，他轻松自在。托拉查人跟他说话的时候，他顿时变得拘谨，用第三人称提及对方，或者干脆完全无视对方。

有一次他在雅加达从事非法物品交易，然后通过外国朋友进口色情作品，但最终他被自我厌恶所吞噬，于是回到了托拉查，决定尽可能多地待在森林里。他现在是"被盗"古物的经销商，但似乎真诚地以高尚的道德情操追求自己的事业。

"是这样的，"他解释道，"来到这里的人愿意为一个墓葬人像支付一百万卢比，想象一下这对一个普通农民来说意味着什么：他的孩子可以上学并有光明的未来，他本人会有安全感。他可能是一个基督徒，认为这种东西很不好。如果他是异教徒，他可以卖掉旧雕像，再买一个新的，仍然有不错的利润，连他的老祖宗都同意。他们经常被问起是否售卖，每个人都很满意。但政府禁止出售行为，担心如果这些文物被出售，游客将大幅减少。所以家人会安排雕像'被盗'，然后在巴厘岛或伦敦出售。他们来找我是因为我有联系人。我从不主动去找这些当地人，他们了解我的家人并信任我。我从中拿一个百分点，他们也不会被骗。我总是坚持让他们在决定出售后再等一个月，以防改变主意。通常我把到手的货卖给博物馆。也许你们国家的博物馆不会买，但美国的博物馆会。我在美国的博物馆有很多朋友。不管怎样，我想你们可能都有一样的想法。你想把这样美丽的东西收集起来放在盒子里寄走。现在，你去我家吧，我会给你看一些好东西。"

"我很想看一看，但你知道我没法购买。买任何超过五十年的东西都需要许可证。那是法律规定的。"

"是的，法律，但来我家看看吧。我喜欢展示这些宝贝，尤其是对它们感兴趣的人。"

他的房子像宝库一般充满了各种古老而奇怪的物品：纺车、门、帽子、鞋子。他以极大的自豪感展示了这些东西，又戴上一名王子的帽子，端庄地坐下；拿起长矛成为武士；掏出装槟榔的容器，像个老村民一样咀嚼。在这个表演过程中，他的小女儿穿着蓬松的粉红色连衣裙，戴着金色纸做的皇冠出现了。他们对视了一眼，都笑了。

"没错。她要去参加一个生日聚会。"俾斯麦把她抱在膝上，眼里充满爱意。

"总有一天，"他对我说，"你会和我一起走山路。我会带你去其他人不知道的地方。我很有把握。我对这些事情很精通，还见过森林之主。"

"森林之主？"

"是的。你不会在任何关于托拉查宗教的人类学书籍中找到他，但在村庄里我们都知道。我是作为基督徒长大的，却遇见了他。这就是我回到传统之道的原因之一。"

"这是怎么发生的？"

"我来告诉你。我想见他，只是想知道他是否真的存在。我在森林深处待了三个晚上，只是赤身裸体地坐着等待。第一天晚上我一直在喝酒，什么也没发生。第二天晚上正常吃饭。第三天晚上，我禁食了。突然他就出现在那里。"

"他看起来什么样？"

"一个很老的人，身体没有下半部分。他飘浮在雾中，对我说：'你想要什么？'我说：'没什么，我只是想看到你是真实存在的。'想象一下，"俾斯麦敲了敲自己的额头说，"如果我说了该说的，现在就是一个有钱人了，但我只是想知道真相。'别担心，'森林之主说，'我会一直在我的森林里照顾你。'接着他就离去了，"俾斯麦笑道，"我尽可能快地跑出森林，躲在房子里，吓得浑身发抖。但现在，你看，我很坚强，因为我现在确信了。"

外面传来奇怪的刮擦声。俾斯麦放下女儿，走到门口，窃窃私语。过了一会儿，他笑着回来了。

"外面有个老头找你。他要找'Pong Bali'——'Pong'就像'puang'。这是我们对'大人'的称呼。所以现在我们为你取了一个名字——'Pong Bali'。别担心，不是指森林之主。"

我出门一看，是内内克来了。他拒绝进门，感觉不合适。这是一个贵族的房子，他突然有些害羞。他步行了三十多公里到镇上买槟榔，但没有钱。也许我会给他一些钱？这个简单的想法使他无法抗拒。但还有其他事情困扰着他。

"我一直无法入睡。我答应过你一头水牛就够了，但是村里有人说一头水牛甚至无法支付去英格兰的机票费。"

"内内克，这头水牛是给你的。我们会出你去英国的机票钱，在那边照顾好你。"

他的脸上掠过一丝释然。我们什么时候去英国？如果是立即的话，他需要购买相当多的槟榔。

"那个人，"俾斯麦看着他离开，发表权威意见，"是个很好的老人。你和他一起工作？"

我把展览的事告诉了他。

"我很高兴。这一次，做事的人会得到钱，而不是像我这样的骗子和经销商。我在这里有一栋大房子和很多土地。如果你需要帮助或想要存放东西，我会提供帮助。免费的。"

我发现很难将俾斯麦视为骗子。或许，转念一想，他确实与希特勒没什么关系。


约翰尼斯和我回到巴鲁普，发现不仅内内克回来了，内内克的女儿也回来了。她身上拥有我此时能想到的一位高尚的基督徒托拉查女性所具有的所有美好品质。内内克和我得远离她有些严肃的美德，才能谈论旧的文化和生活方式。晚上我们会玩一种派对游戏，他和他的邻居们挖出传家宝或旧的日常用品，以供大家谈论。

内内克尤其为他那个盛米的盘子感到自豪，盘子底座很高，约三英尺，支撑是用漂白的水牛骨做成的，这是大祭司的特权。另一个人有个漂亮的木制蔬菜盘，上面刻着水牛头。其他人则拿出了旧的剑和布料。

"这些不是玩具，"内内克解释说，"它们给房子带来财富，我们也需要它们来庆祝节日。"他有一个警世故事：一块年代久远的布被卖出，结果给所有人带来了不幸，直到它被送回所属的房子，一切才风平浪静。他拿出一块非常柔软、厚实的毛皮，上面连着两根绳子。"这是什么？"

我把它翻过来看。约翰尼斯疑惑地戳了戳它，笑容从他的脸上溢出："我知道了。"他像戴假发一样小心翼翼地把它戴在头上，系好绳子。内内克和他的老朋友们高兴地踮着脚看。内内克用一个平稳的动作把它从头上抢过，塞到自己的屁股下面，坐了下来。

"在过去，托拉查人只能坐在石头上，所以我们用这些毛皮当垫子。"他拿出另一个奇怪的东西，长而尖，其中一端有球根状的肿胀物，由骨头或非常坚硬的木头制成，看起来有点像女性用来织补袜子的蘑菇形物体之一。我摇摇头。约翰尼斯再次插话。

"它是用来修补袜子上的破洞的。"我和内内克被这种幼稚的想法逗笑了。

内内克低声解释，这是托拉查人对抗布吉人的秘密武器。约翰尼斯和我面无表情地看着对方，内内克看到我们很困惑，高兴地笑了起来。他刺耳地笑着，解释说，这是一个阴茎棒，整个插入男性体内，能让托拉查女性高兴得发狂。这就是为什么在过去，任何和当地男人睡过觉的托拉查女人，永远不会对布吉男人感兴趣，即使后者有长鼻子。约翰尼斯沉默了，看上去若有所思。

我很惊讶地得知内内克有一个妻子，她住在村里的另一个地方。

"我们不住在一起了，"内内克说，"她成了基督徒。我所有的孩子都成了基督徒。我是仅剩的非基督徒了。但他们一直在攻击我。我说我在自己的宗教中出生，将在这个宗教中死去。"

内内克已经被一种令人惊讶的包容逐渐削弱了。"他们从学校里知道这种宗教，"他宣称，"如果不是因为学校，没有人会改变，但这也很好。没有学校，我们都会像过去一样无知。"

一想到当他去世时，旧宗教也会在巴鲁普消失，就令人难过。宗教首领的知识包含数千行诗句，但已经没有人愿意承担这背诵的重担。很难不把内内克看成一个四面楚歌的传统的堡垒。然而他也是一个涉足现代世界的人，曾几何时，他是一名咖啡经销商。在日本占领期间，他曾在村里藏匿印尼华人。他将孙子孙女送到学校，并让他们每天放学回家将学到的东西教给他，用这种办法他学会了印尼语的听说读写。他从现代世界中拿走了他想要的东西，留下了其余的。在托拉查，传统与现代的对立显而易见，而这种对立难以维持。现代旅游业和印尼政府推动就业带来的收入，助长了整个地区惯常的通货膨胀。过去不被允许举行豪华葬礼的人，现在把钱都投到葬礼上，将他们的现金转化为地位——就像19世纪的英国实业家将他们的财富花在耗资巨大的乡村庄园上一样。即使是基督教葬礼也需要有一个大祭司在场，他吟诵的传统智慧会通过扩音器传播。然而，当我向村长提到我计划带内内克去伦敦时，村长惊呆了。

"你不能这样，"他说，"这不公平。他甚至没有上过学，但我上过。我知道荷兰几乎所有火车站的名字。"

我再次见到内内克时，问他："内内克，如果你去了英国，这里该怎么办？没有人可以宣布葬礼举行的时间。没有人能告诉他们什么时候可以再次开始建造房屋。"

他笑了："那不是问题。在过去，我们是靠看星星而不是日历来决定的。我只是个决定什么时候是正确星相的人。我们走吧。我的身体老了，但我的心还年轻。我喜欢新事物。"

是时候离开了。我曾经成功延长签证，但无法再延长了。内内克和约翰尼斯目送我到了山谷的尽头。托拉查人习惯肆无忌惮地哭泣，我哭得更厉害。

"如果内内克来了，约翰尼斯，你也必须来。"

他咧嘴一笑："如果上帝开辟道路。"

此时出现了只有神明准许或好莱坞电影才能看到的老掉牙的一幕：山谷上空出现了一道美丽的彩虹。

"这意味着好运。"内内克说。

我想知道我是否还会再见到他们。

第十一章　再度交锋

这一次，我的悲观被证明是错误的。仅用了两年时间，五次前往苏拉威西岛，建造谷仓所需的材料就被带回了伦敦。运输的货物包括要磨成油漆的石头、屋顶用的藤条和我见过的最大的一堆竹子。只有这样，才有可能将四位雕刻师带到英国，将谷仓建造在城市中心的人类博物馆展览馆内。要确保它既不会砸穿地板掉下去（人们通常不称谷仓的重量），也不会过于向上延伸穿过天花板，是非常困难的。

当我第一次带着项目开始动工的激动人心的消息回来时，内内克完全认不出我了。在我的脑海里，我经常想象这样的场景：他当然会哭，我可能也是。但是自我们见面以来，一年已经过去了，而所有的白人看起来都一样。

"我也许不能和你一起去伦敦了。去年，来了一个古怪的荷兰人。我允诺我会和他一起去。"

另一件糟糕的事情是，本应从村里把材料运到兰特包的卡车司机，在途中坐地起价，结果把所有东西都倾倒在了路边。在第一场雨到来之前，将这些材料搬走已经成为迫在眉睫的问题。本已难办的事变得更加复杂，我和装满木材的两辆巨大卡车抵达乌戎潘当时，无处存放这些建筑材料。一艘船将在第二天启航，而且没有钱付给对方。我们把材料搬上船之前，必须检查和记录三遍。最终在晚上十点，我们冒着雨把整批货物摊开在路上，试图在黑暗中拍照。一辆小巴停了下来，内内克从车里跳出来，爆发出一个七十多岁的老人身上能有的最大活力。

"我是来帮忙卸木头的，"他声称，"我们现在要去英国吗？"

战胜所有这些困难的唯一原因是每一个普通托拉查人惊人的乐于助人的精神。他们提供帮助不是因为能得到报酬，也不是因为这是他们的工作，而是因为他们看到我需要帮助。最后的打击是在这个过程中遭遇印尼货币贬值，这几乎毁了一切，因为所有银行在大约两周内拒绝兑换货币。当我解释说我完全没有钱，以及我只能不付钱就离开时，托拉查旅馆经理只是耸了耸肩："我知道你会尽快把钱寄给我的。"典型的托拉查人！

要收集各种个人证明文件一直是最大的困难。对于一个连自己多少岁都不知道的人来说，取得旅行证件是非常困难的。这些表格不通情理，非常不适用于一直生活在印尼山上的雕刻师。电话号码？学历证书？收入？甚至记住所有孩子的名字和年龄也能难倒他们。他们终于算出来一个人有八个孩子，另一个有七个孩子，但不知道他们的年龄，甚至不知道小孩的出生顺序。那是只有女人才知道的事情。

关于选谁陪同内内克一起前往英国，内内克在中途改变了主意，让情况变得更糟。所以当我回到巴鲁普时，村子里分裂成了几个敌对的派系，每派都觉得自己受了委屈，寄希望于我把事情处理好。然后又出现了可以预见的障碍：长矛和剑不允许带到飞机上，但它们是内内克祭司装束的一部分，他不想与它们分开。不太可预测到的障碍是，去了爪哇，那里"内内克"这一名字只能用在老年女性身上，移民局对叫这样名字的男性措手不及。

尽管如此，突然之间他们就来到了英国，感受"炎热的季节"，屋外风雨呼啸。在托拉查时，我和他们待在一起，他们此时和我一起待在英国，这样似乎才公平。

雕刻师就像是托拉查历史的缩影。七十多岁的内内克是旧宗教的大祭司，全权负责建造事务。坦杜克是一个四十出头的和蔼可亲的基督徒，做大部分繁重的木工活。卡雷，一个三十多岁的脾气暴躁的基督徒，做大部分的雕刻和建造屋顶的工作。因为这个，他被称为"水牛"。约翰尼斯现在是一名学英语的学生和当代异教徒，将成为对外沟通的联络人。

从一开始，他们就表现出很强的适应性。作为雕刻师，他们习惯了远离家乡和家人，在外地工作。约翰尼斯是唯一一个在城市居住过的人，但内内克已经体验过并且很喜欢坐飞机。高科技玩具对他们来说并不陌生。的确，他们很诧异于英国制造的电话可以让人们用印尼语互相交谈，他们从不厌倦使用电话。他们非常喜欢中央供暖系统，我也喜欢——为他们的到来做准备，我已经提前安装好了供暖设备。但是，电子产品不可能被外行人完全理解，而必须被简单地接受，比起人类的能力，它们引起的持续猜测更少。他们的木工工艺震惊了英国人，但他们却对英国建筑工地上的砌砖工作着迷——技术工人的速度和巧妙省力的动作。让内内克路过一座正在建设的楼房总是很困难的，他会大步走到砖墙边发问："这是什么？""他们为什么要这么做？""一台起重机要多少钱？"

一些新奇事物则被同化为他们已经知道的印尼习惯。在印尼的浴室里，一个人只管往自己身上泼水就够了，但在英国浴室里，这样做的后果可能是灾难性的。虽然打开水龙头没有问题，但他们永远不会记得关掉它，因为在托拉查，水是从竹管中源源不断地涌出的。当我告诉他们水龙头里的水无须煮沸就可安全饮用，他们根本不相信我，并偷偷地继续采取自己的预防措施。

我承认，当注意到他们发现穿越英国马路就像我穿越印尼马路一样困难时，我感到有些高兴。我很快发现，自己正变得像一个家长一样偏执，我提前规划路线，以便他们尽可能少地过马路。哪怕最短的旅程都能变成一场噩梦，充满预想中的危险、陷阱，而他们却从不谨慎。有时，他们的到来好像仅仅是让我受一遍我小时候让父母受过的痛苦。

"过来吃饭！"我喊。"好。"他们回答。十五分钟后，他们还在坐着雕刻。

"十分钟后我们必须离开。"我提醒他们，但是快要出门时，他们仍然在穿着纱笼看电视。

20世纪初，美国人类学家博厄斯[1]带着一些夸扣特尔印第安人[2]来到纽约。显然他们对高楼和汽车不以为然，唯一让他们印象深刻的是时代广场长着大胡子的女士、旅馆楼梯扶手尽头的圆形突出物。我们无法预测，对来自另一种文化的人来说什么才能引起他们注意。

第一个令内内克他们震惊的是，并非所有英国人都是白人。西印度群岛[3]印第安人在他们眼中，就像新几内亚岛[4]西边属印尼那部分的人，还以为他们会说印尼语。他们并没有觉得唐人街很不寻常。"华人擅长做生意，到处定居。"他们认为印度人是阿拉伯人。最令人难堪的是，英国民族文化分类中没有"印尼人"这一栏，结果他们也被视为华人。

第二件令他们惊愕的事情是，并非每个欧洲人都富有。诚然，他们在托拉查看到过年轻的白人假装贫穷，但每个人都知道，他们身上带的钱比托拉查农民一生能看到的钱还要多。为什么我没有仆人、汽车和司机？他们对在伦敦街头游荡的醉

---

1. 弗朗兹·博厄斯（Franz Boas，1858—1942）被公认是20世纪美国人文学科的重要学者之一，他一生涉猎物理学、人类学、语言学、文学等多个学科，并在美国人类学的学科创建和发展中做出了开创性的贡献。
2. 夸扣特尔人，温哥华岛北部及其邻近大陆的北美印第安人。1886年，博厄斯移民到美国，在《科学》杂志担任编辑一职，并开始了他最著名的民族志研究项目之一，即研究夸扣特尔人。
3. 西印度群岛是北美洲的岛群，位于大西洋及其属海墨西哥湾、加勒比海之间。
4. 新几内亚岛，南太平洋西部一个岛屿，位于澳大利亚以北，被分为两个部分，西半岛为印度尼西亚的巴布亚省和西巴布亚省，东半岛是巴布亚新几内亚的一部分。

汉感到心烦，不习惯有人对他们大喊大叫，还得假装这个人不存在。那些人不去工作却能从政府那里拿到钱，这让他们像右翼保守党一样震惊。人们肯定是误会了吧？这些人不是领的养老金吗？他们不是曾在军队中服役，并为曾受过的伤才收到补偿吗？

他们正好是在大选[1]前几天抵达英国的，此时政治活动十分频繁。他们很吃惊英国人对政客缺乏尊重，经常喊道："如果我们这样做的话会进监狱的！"然而，不能据此认定他们嫉妒我们的自由。对他们来说，这更像缺乏秩序，是混乱，是应受谴责的管理不善。约翰尼斯迅速总结了这一点："我发现，英国是一个没有人尊重任何人的地方。"

女王的地位也让他们觉得困惑。和许多外国人一样，他们很难想象女首相和女君主之间的关系，接着得出结论——在这片不寻常的土地上，只有女性才有资格担任实权职位。"这就像苏门答腊的米南人[2]。"他们以相似的民族志例子表示，"那里的女人拥有一切，而贫穷的男人则被派到国外为她们打工挣钱。你和他们差不多。我们觉得你很可怜。"

君主和首相的权力也是令人疑惑的。他们一直在问为什么女王没有担任实际职务。我没有在墙上挂她的照片，这也让他们担心，因为在印度尼西亚，每家墙上都挂着总统的肖像。

---

1. 指英国下议院议员的全面选举。
2. 即米南加保人，是印度尼西亚西苏门答腊岛高地上的原住民，这个民族存有世界上规模最大的母系社会制度。

对托拉查人的生活方式，我已经做出了某些让步。对我来说，改变自己要比要求他们改变更容易。床软得令人不快，他们更喜欢将床垫放在地板上。比起分散睡在整个房子不同的地方，他们更喜欢睡在一个房间里。"如果我们做了一场噩梦，一个人睡，谁会来安慰我们？"痰盂对惯于咀嚼槟榔的内内克至关重要，但在伦敦很难买到。

在最初的几天里，有两件事比其他任何东西都更困扰他们——居住区远离尘世喧嚣的寂静，以及厕纸。磁带放录机、鸣喇叭的声音、街头小贩、孩子们尖叫的声音在哪里？他们晚上难以入睡。唯一的能听到的是猫头鹰的叫声，与巫术有关，叫人胆战心惊。对于托拉查人来说，一所好房子和一个成功的家庭，要具备喧嚣、孩子们以及源源不断的访客等特点，而这会让西方人发疯。最终，他们开始大声播放流行音乐，直至入睡。至于厕纸，简直是他们听过的最骇人听闻的东西了。他们对欧洲人缺乏卫生习惯深感震惊。"英国女人看起来很有吸引力，"坦杜克说，"但当我想到厕纸和她们有多脏时，我就没有兴趣了。"

出乎意料的是，这段时间我们的立场荒谬地颠倒了。我成了他们的报告人，对他们关于西方文化无休止的追根究底，我拼命解释。毫不奇怪，他们经常觉得我解释得不够充分。展览的一个元素是来自托拉查的水力驱鸟器，当水从梯田的一层流淌到下一层时，一个巧妙的旋转机制会发出巨大的声音，足以吓跑鸟类和其他捕食动物。在我们博物馆版本的底部是一池子水，每天都有人往里面投钱。内内克被迷住了——人们为什么这么做？他们认为水池里住着一个大地之灵吗？我的解释无法令他满意——"他们这样做是为了运气"，或者"这是我们的习俗"——他都不信。他每天都会绕着展览馆走一圈，看看每一枚硬币值多少钱，嘀咕着，大为惊愕。"等我老了，"他摇了摇灰白的头发，"我会来这里住，挖个水池——这样人们就能把钱投进去了。"

我们每天早上乘地铁去博物馆，他们很喜欢地铁，并迅速掌握了乘坐的方法。有时，当他们抱着前一天晚上坚持在家里雕刻的木头上车时，同行的乘客会恐慌。内内克一开始在乘自动扶梯时也遇到了困难。他可以在托拉查的一座油腻腻的木桥上随意奔跑，而我必须蹲下来爬过去，现在他发现自己很难应付行进中的自动扶梯，也没有办法在行驶中的地铁车厢里站稳。

追查到问题的根源只是时间问题——是鞋子。在印尼，穿鞋是正式着装的标志，相当于打领带。所以人们根本不穿鞋子，或者只穿凉鞋，这是乡下人的标志。长期赤脚的人脚会很宽，把脚硬塞进鞋里会很痛苦。一旦说服内内克不要穿鞋，他就能更好地走路，并且不再在自动扶梯上危险地摇摇晃晃。

虽然他们都可以在没有外界的帮助下自行上下班，但约翰尼斯默默地被大家赋予了与外界联系的角色。大家期望他将地铁路线图、使用公用电话的技巧，以及不引来醉酒者注意的方法内化于心。第二天晚上，他在皮卡迪利大街的人群中走失了。我们绝望地到处寻找，但始终未能发现他。结果，他已经赶在我们之前独自坐地铁回家了，真是令我印象深刻。

　　只有一件事是不能商量的，他们一天要吃三顿大米饭，所有试图让他们改吃意大利面或面条的努力都失败了。他们会以厌恶的态度尝试替代品，从不抱怨但也不吃它们。我很快放弃了改变他们饮食习惯的尝试。土豆之类的东西是可以接受的，但只能作为大米的补充，而绝不能代替大米。这意味着每天早上六点左右就要开始蒸米饭。我隔着蒸米饭的水蒸气，观察了他们近三个月的生活。奇怪的是，西方的房子不适合做米饭。几周后，米粒堵塞了水槽、下水道，在地板上粘得到处都是。鸡肉是托拉查人的终极奢侈品，怎么吃也吃不够。鸡肉馅饼是最不令人反感的英国食物。馅饼[1]一看就非常英式，在其他欧洲语言中很难找到对应的词汇。约翰尼斯将其称为"鸡肉蛋糕"。

　　在展览开幕之前，重要的是这个谷仓至少应该看起来像在建设中，而不仅仅是一堆木头。雕刻师们带着极大的意志力开始工作。运来的材料是大木头柱子和竹子做成的瓦，瓦片铺在屋顶。在铺瓦片的制作方法上还存在鄙视链。巴鲁普的建筑工嘲笑山谷的建筑工，因为巴鲁普人用砍刀用力地砍竹瓦片，而不是用锯子切割，这很有男子气概。[2]他们坚持认为用锯子切割的瓦片会迅速腐烂。他们首先建造了谷仓的中央箱体——这部分将立在木柱子上，之后屋顶就会被放在这个箱体上。看到托拉查木匠在一棵粗壮的树干上划出一条线，然后将它切成木板，

---

1. "Pie"这个词来源于中古英语，在这里主要指英式的肉馅饼、蔬菜馅饼。
2. 指巴鲁普山区高地居民嘲笑山谷的低地居民。

砍刀呼呼作响，真是一件妙事。托拉查人观察了电动工具的工作情况，确定在大多数情况下，他们自己的技术还更快。

箱体一旦完成，将被拆开涂成黑色，并进行雕刻和着色，最后在支撑柱顶部的位置重建。在那之前，因为他们必须赤脚工作，这房间就成了一个方便的更衣室。在雕刻工作中，脚与手一样重要。脚可以抓住、稳定正在加工的木材。整个博物馆的展览厅很快就变成了一个很有说服力的建筑工地：膝盖深的木屑，茶壶和杯子被随意摆放。

近年来，博物馆做出了许多努力，希望变得充满活力，将自己从艺术界冰冷的库房转变为能传达丰富信息、带来快乐的地方。这种举措要面对的最大敌人是玻璃柜。玻璃柜肯定不可或缺，但它阻断和隔离了展品，让展品失去了生命力。每个博物馆馆长都知道，每个人都想进入的展览就是他试图不让他们进入的展览，正在建造的展览尤其符合这一点。就像排练通常比正式表演更有趣一样，布置过程中的展览提供的娱乐性，比打磨后呈现的最终产品要强得多。建筑工地对英国人来说有着与生俱来的魅力：许多建筑工地都设置了观景台，让公众可以欣赏到壮观的场面。看来弄一场托拉查文化的类似展览是不可避免的了。

这些托拉查人很快就习惯了有人看着他们工作，"常客们"迅速脱颖而出——这些人每周会来几次，观察建设取得的进展。从一开始，内内克就非常喜欢这种感觉。在他的文化中，他是一个大明星、一个表演者，并且人们意识到他地位的尊贵。但在这里，一开始问题就出现了。

其他雕刻师都与内内克有血缘关系。精密准确的宗族关系已经瓦解、简化。任何试图弄清楚的尝试，都会得到"我们是一家人"这句回答。然而，由于内内克的年龄和作为祭司的地位，他期望得到更大的尊重。坦杜克和卡雷曾经是他的弟子。他们已经作为独立的建设者在工作，是为了这次展览才重新聚到了一起。内内克仍然将他们视为弟子，在他的监督下重返工作岗位。这些弟子却有不同的看法。

与在剧院类似，第一个问题出在宣传上。谷仓场地周围有许多展板介绍相关事宜，并展示了在印尼收集原材料的早期阶段。卡雷算出内内克出现的次数比他多，甚至在通向主要的背景照片展示的过渡里，也是内内克穿着大祭司服装的场景。在一张集市的照片上也可以看到坦杜克。为什么卡雷被排除在外？当我指出他孩子出现的频率时，他的态度才稍微缓和了一点。村子里的大多数孩子似乎都是卡雷的。

后来，内内克坚持要展示他的权威，重新切割了卡雷已经完成的一个部分。争论的焦点是一只"角"——谷仓主体上一个突出的部分——应该是直的还是弯曲的。从这样的问题开始，争吵就开始了。一场冷战爆发了，看起来卡雷和内内克不会再和对方说话了，展览馆里气氛很不友好。幸运的是，第三世界居民在我们的文化中被无可救药地浪漫化了。一位来参观博物馆的人评论道，奇妙的合作精神使这些人无需交流就能一起工作，他希望英国的工作场所也能如此。

英国人的工作习惯对托拉查人来说很难理解。在托拉查，建筑工从黎明工作到黄昏，直到一切做完，从来不需要精确计算所需的材料，山上总有更多的木材正在生长。通常情况下，建筑工人会裹着斗篷睡在他们正在建造的谷仓下。他们无法理解为什么在英国不这样做。不可能让他们在下午五点就停下来，那个时候英国的天空还亮着。事实上，在印尼，无论哪个季节，黄昏都在六点左右到来，直到很久以后才会天黑。那他们为什么要放下工具呢？

星期日休息他们可以理解。如果你是基督徒，是为了去教堂——或者在英国，在电视上看教堂礼拜，那就更好了。但是星期六不去工作就太可怕了。天一亮他们就起床，期待所有英国人都已经在工作，如同他们会准备回家一样。

谷仓一点一点地变大、变完整，加上准备好的部分拼在一起，工程取得巨大的进展。事实证明，卡雷是一台无情的雕刻机，他快速地做出了一块又一块几何图形的木板。然而，令他烦恼的是，只有内内克才能为主横梁制作出高度复杂的、有着柔和曲线的非对称图案。内内克总是不停地咀嚼槟榔，让卡雷更加不舒服，因为内内克明知道卡雷抽烟，又规定不允许在展览馆内抽。访客们也清楚地发现，内内克是一个比卡雷更讨人喜欢的雕刻师。内内克不太关心速度，他总是微笑着打招呼，或叫约翰尼斯过来翻译，这样他就可以与访客们交谈。约翰尼斯显然也很享受用他学会的英语给游客带来惊喜，还教年轻女士涂饰。

晚上回到家里，雕刻师们会洗澡、吃饭、聊天、看电视。他们很高兴能喝上啤酒——在巴鲁普很难买到。内内克每天还要服用一勺他喜欢的"药"。他迅速说服了博物馆的所有守卫，认为"药"会是一份合适的礼物，并开始铺设酒窖。

很快他们又会继续进行雕刻工作。内内克在外面的花园竖起了一张小竹桌，天气好的时候他会去那里雕刻。小桌看着非常奇特，类似《鲁滨孙漂流记》中那张桌子的外观，桌上系着一把伞作遮阳用。约翰尼斯一直在贬低这个花园。

"你应该把所有的花都种成直线，否则看起来就像热带丛林一样。"

内内克不同意："这个花园非常好，我种了一些咖啡，我相信会长起来的。"

内内克转移了话题。他问："这样的房子要多少钱？"我告诉他答案。

"这肯定不对吧？"我们又做了一次计算，结果是正确的。

内内克目瞪口呆："你有那么多钱吗？"我解释了长达三十五年的抵押贷款和利息。他笑了："荷兰人不断地告诉我们，把所有的钱都花在要宰杀的水牛上是疯了。你的房子也是一样的道理，房子对我们来说也很重要，但我们永远不会花那么多钱在这上面。给我一些木材，我会用少得多的钱给你造一个。"

"这里不同，内内克，"约翰尼斯用他的世俗智慧解释道，"在这里，他们不用交学费。"他对读书的痴迷又来了。

内内克指着一个正在修房子的人，离我的房子就两三户人家的距离。

"那个男人是谁？"

"我不知道，内内克。他只是恰好住在那里。"

"你不知道他的名字吗？"

"不知道。"

"他不是你的家人吗？"

"不是。"

他放下刀，肃然起敬地看着我："真的，你一定很坚强，才能独自生活。"

其他人则在厨房雕刻、绘画、磨刀。我们做饭的地方简直成了一个手工作坊。

很多我认为是垃圾的东西，都被他们认为另有用途。管道工程遗留下来的塑料水管被制成新的刀柄。屋顶上的旧石板很快就变成了精细的磨刀石。内内克在某处的废料桶中发现了一个空香槟瓶，并用它捣碎泥土以制作大地色——对我们文化中浪费盛行的一个深刻提醒。飞机上的塑料食品托盘显然太贵重了，不能扔掉，他偷偷地把它们拿走了。它们现在被用作盛油漆的容器。

他对孩子有着深深的爱，经常雕刻描绘水牛的小面板，送给进来看他工作的孩子们。家长和老师常常被这种意料之外的举动感动得流泪离开。托拉查人真是出了名地擅长把人弄哭。

印尼"蝴蝶"的问题并没有在泗水和乌戎潘当结束。英国最受欢迎的加压油灯品牌，在印尼也是一种"蝴蝶"。然而，走进一家五金店，向柜台后面的华人女孩询问"蝴蝶"，并没有误会的风险。她会简单地问："Asli atau biasa？"（"你想要一个真正的还是普通的？"）这是一个拉近距离的问题。在印尼，版权法尚不完善，大多数物品包括商标都会被定期"山寨"。仿品通常做得与原品一样好，但价格更便宜。

这个问题也适用于雕刻师正在建造的谷仓。在他们的家乡巴鲁普，谷仓通常没有竹屋顶。屋顶普遍是木板，或者是特定棕榈树的内层树皮，很像布里诺清洁海绵垫。如果你问为什么会这样，巴鲁普人会解释说大约三十年前发生了一场可怕的大火，烧毁了所有适合用作屋顶的竹子。如果要使用竹瓦，就必须从山谷中以巨额资金购买。只有有钱人才有这样的想法。如果你指出村庄周围就有壮丽的竹林（那是约翰尼斯堂兄毁了他自己的地方），他们就说不能确定，很可能这种竹子不适合做屋顶。由于竹屋顶应该可以使用五十年，而火灾是三十年前的，好像并不能这么合计。事实是，虽然每个人都知道在理想情况下谷仓应该有一个竹屋顶，但没有人能够或愿意把钱花在这上面。

谈到博物馆里的谷仓时，如果有人问能否用竹子以外的材料做屋顶，托拉查人都会对这样的建议大为惊骇。他们笑着解释说，这是粗鲁的、不恰当的，他们会感到羞耻。如果有来自印度尼西亚的人来这里参观，他们就会被嘲笑。所以博物馆里的谷仓必须有一个竹屋顶，这是他们从小就在脑海中构想，但几乎没建造过的那种。我不确定这是真是假。看来，这就是卡雷被选中的原因。他是巴鲁普唯一一个做过竹屋顶的人。然而，他对这项工作所需时间和材料的估计，暴露出他实际上缺乏经验。某天，他宣布屋顶需要两个月就能完工，只需要一半的材料。第二天，变成只需要三个星期，完工后还会剩下很多竹子。在这些反复调整的日子里，雕刻师们就屋顶进行了长时间的讨论，然后成群结队地到我的办公室看一张谷仓的照片，踌躇不决、阴沉地把照片转来转去。一切都非常令人不安，因为到这个阶段，绝不可能再在英国获得更多的竹子了。

虽然公众喜爱完成后壮观的谷仓，但能记录其建造全过程也是一个绝佳的机会，可以借此收集田野考察很难获得的信息。谷仓在文化上的重要性愈发凸显。

形式上，它就像一个托拉查的房子，只是它通常面向南方而不是北方。它不仅仅是一个储存食物的地方，对供奉控制水稻肥力的神灵也很重要。

在人类学中，托拉查人常常被划入"互补的二元对立"的标准案例。如此复杂的名称掩盖了一个非常简单的原理。整个世界被划分为一系列对立面，例如光明/黑暗、右/左、男/女、生/死，支配着相应适当的行为。因此在理论上，可以简单地从这些对立面解读任何托拉查仪式的基本要素。如果有人要过庆生的节日，那就在早上举行，人们会面朝东方，穿着浅色的衣服等等。如果是亡灵的节日，就过了中午再举行，人们会面朝西，身着黑衣等等。这样的分类能在最细微的、看似不合理的行为中，发现另一种文化明显混乱背后所隐藏的结构。不幸的是，它不会永远奏效。

如上所述，谷仓就像一座房子，但所有的"方向"都是相反的。当要求贵宾坐在谷仓的平台上时，这一点尤其明显。他们不是坐在意味着吉祥的东北面，而是坐在通常与死亡有关的西南面。这样一来，谷仓内的正常空间格局就被颠倒了。这也许看起来很奇怪，但可以被解释为更广泛的文化倒置和调解现象的一部分。因此，调解者——那些没有被归入确定类别的、仪式未固定下来的文化现象——经常被颠倒过来。在我们的文化中，一个恰当的例子是从旧的一年到新的一年——元旦时，军官伺候他的手下，以及各种荒谬的着装和行为。

在托拉查，东西方之间的仪式——即生与死的仪式被严格分开。双方能相遇的唯一地方——被调解——就是谷仓。明年要耕作的作物种子就是在这里保存的。也是在这里，在托拉查人还有猎头习俗的时代，人类头骨就被储存在这以祈祷促进丰产、富饶和健康。是的，谷仓就是生与死相遇并相互转化的一个点。

在许多地区，遗体被放在谷仓上的那一刻，才标志着死亡的正式来临。在那之前，死者被称为"头痛发作"。在巴鲁普，他们虽然已经不这样做，但做了进一步的改进。谷仓在当地语言里是"alang"。将遗体运往坟墓的棺材架就是谷仓的样子，但用的是一次性材料——纸和胶合板。这个棺材被称为"alang-alang"。谷仓就是将人们从一个仪式地点，转移到另一个仪式地点的装置。反转"方向"在这里是合适的。

然而这种解释也不够充分。内内克在博物馆工作期间为我提供了很多关于节日和谷仓的信息，有趣的是，虽然所涉及的地理方向总是"正确的"，他却不断改变"为什么是这样"的答案。为什么贵宾坐在不祥的西南方？因为谷仓面向南方而不是北方，所以方向改变了。这就是庆祝生命的祭司坐在西方的原因吗？不，他这样做是为了能够面向东方——吉祥的一面。人们越是试图将抽象的分类与实际做的事情联系起来，就越清楚地发现该系统是不可攻破的。你总能找到一个理由为所作所为辩护，即使这个理由与之前提到的相互矛盾。所以抽象的分类并不是局外人看到的铁律，面对这些事只要恭敬点头赞同就行了。

谷仓上的雕刻与一般房屋上的雕刻相同。每个装饰性图案都有一个名称，能放在谷仓的什么位置受制于规则。例如，公鸡站在日出云开上的图案，应该在屋檐下高高地展示。与其他图案一样，它同时具备许多含义。关于托拉查雕刻的图案，不少书曾做了描述。

在施工过程中又出现了一个问题。我爬到谷仓拍了几张照片，拍的是贴屋顶瓦片的技术，并和雕刻师开玩笑。下方的内内克突然发出一声怒吼。

"住口！"他喊道，"你绝不能拿谷仓开玩笑。"他是什么意思？"房子是母亲，"他解释说，"谷仓是父亲。"又是二元对立。"盖房子的时候，可以说长道短，没关系。但是谷仓是代表男性的东西，这是很严肃的事情。老鼠是顽皮的动物，如果你在建造谷仓时开玩笑，它们就会入侵并吞食大米。"

托拉查宗教涉及大量的动物杀戮。内内克热衷于通过严格的仪式完成谷仓建设，在托拉查通常会杀死一头猪，接着是内内克宣告祝福。但有各种各样的原因——法律、道德、卫生——解释了为什么这种宗教仪式不适合在公共博物馆内举行。内内克表示理解，但深感遗憾。

"这是不对的，这不是'传统的'。"他在一个民族志博物馆中学到了这个词的力量。

我们斟酌着要不要去买猪肉，被内内克驳回了。

"一个谷仓，"他戏剧性地断言，"是需要血液的。"看来要弄点血来。

我在屋顶上，与雕刻师交谈——这回可不是在开玩笑。

"把砍刀递给我，"坦杜克说，"插在竹梁上的砍刀。"

我伸手抓住竹子，没有意识到刀刃从竹子的另一边穿了出来。托拉查人的切割工具被打磨得极其锋利。事实上，雕刻师过去常常用他们的刀刮胡子。砍刀正好从一根手指上切下去，切断了动脉。一股鲜血喷出，越过屋顶最高点。当我冲出去寻求急救时，一个小小的、因胜利而欢欣鼓舞的声音在我身后喊道："我们现在不必去杀头猪了。"

在所有雕刻师中，内内克是最具冒险精神的。对于他们为何能这么快改变一生的习惯以获得全新的体验，印尼人有现成的回答。所有这些行为都可以用"cari pengalaman"来解释，意思是"寻求经验"是件毋庸置疑的好事。内内克渴望新发现的冲动异常强烈，如果周围有高楼或山可以爬，内内克就想去，如果有新的吃或喝的东西，内内克第一个想尝试。

"他太老了，把他留在家里。"约翰尼斯用年轻人无情的语气说道，但内内克拒绝留下来。

每天早上，当我睡眼惺忪地爬下楼时，内内克已经安逸地坐在厨房进行雕刻了，然后我会给他泡一杯茶（直到后来我才知道托拉查祭司禁止喝咖啡）。第二天早上他说了一个让我很意外的词："梅尔考威（mercowe）。"我不明白。听起来像是《贝奥武夫》[1]里的海怪，一定是托拉查语。我得问问约翰尼斯。

"梅尔考威。"他看着我，坚持说着。

"我听不懂，内内克。"他拉着我的手，把我带到前门。写着"欢迎"的垫子放颠倒了，整个反过来了。现在"欢迎"（welcome）就变成了"梅尔考威"（mercowe）。他已经开始学习英语了。

他热衷于看奇怪的动物。"奇怪"包括许多他以前从未见过的印度尼西亚动物。毫无疑问，他最喜欢的就是动物园。一看到红毛大猩猩，托拉查人就高兴地跳上跳下。他们习惯性地被蛇吓退，从他身上，我看到了恐怖电影激发我们身上的那种恐惧和战栗。一个坏孩子在爬行动物馆里用一条橡皮蛇吓坏了内内克。当他意识到是个恶作剧时，笑了好几天——"我喜欢人们耍花招。"内内克很喜爱大猩猩。

"哇！你确定它够不到我们吗？"长颈鹿看起来实在是太奇

---

1. 《贝奥武夫》（*Beowulf*）：一首作者不详、用古英语作的史诗，歌颂传说中的斯堪的纳维亚英雄贝奥武夫。

怪了，以至于他最初不认为这是天然存在的动物，"它生来就是这个样子吗？它吃人吗？"和往常一样，最受关注的并不是你所期望的动物。水牛和野牛在托拉查人的生活中占有重要地位，在这里却被忽略了。更有趣的是马——英国马的大小是托拉查马的两到三倍——还有狗。

托拉查人对狗相对友好。他们吃狗肉，但也会爱抚狗并对狗说话。大多数托拉查狗在整个东南亚是标准的矮胖、尖耳朵的样子，但荷兰人带去了毛发蓬松、看着很滑稽的品种，很受欢迎。英国狗种类繁多，还被允许在房子里自由活动，这让他们很意外。最神奇的是他们遇到了一只大丹犬——"那是狗吗？"事实上，它和托拉查的马几乎一样大。他们一开始很害怕，但很快就被它善良的天性所征服。不到五分钟，内内克就开始抚摸它——但他抚摸的方式，让你觉得他在思考如何更好地切开它的关节。

最让他们震惊的还不是这个。有一天，他们兴高采烈地回来了。

"公园里，"他们说，"到处都是疯子。"不可思议！

"他们做什么了？"

他们大笑起来："他们走来走去……带着狗……拴在绳子的末端。"他们又一次笑得东倒西歪。

我说："但你们对水牛也是如此，还带牛去游泳。我见过有人给它们的蹄子上油和刷睫毛。"

当然，他们气呼呼地同意了。但那是两码事，遛狗就像遛老鼠一样。太疯狂了！

在他们逗留的第二个月，天气好转，我带他们去参观城里的一些景点。古老的石头建筑让他们觉得冷冰冰的，虽然是基督徒，但他们对威斯敏斯特教堂和其他教堂所代表的伟大时代并不感兴趣。他们觉得格林尼治天文台、伦敦塔也很无聊。最受欢迎的建筑是塔桥。我问约翰尼斯为什么，他解释道："在印尼的日历上见到过。"出乎意料的是，第二受欢迎的是外交和联邦事务部。我带领他们在伦敦市中心四处闲逛时，他们碰巧注意到门周围的雕刻。这是一种简单的几何图案，但与托拉查建筑中用来补白的图案非常相似。这种图案是如何漂洋过海的？难道是英国人从托拉查人那里偷来的吗？他们都想马上冲上前去问部长。

我们去牛津游玩了一天，一个对游客极度不友好的地方。大多数景点都关门了，很难找到酒吧避雨，这里餐饮行业的每个人，看到周日想吃饭的顾客都惊讶万分。这次旅行仅因一件事而有所收获。雕刻师们不习惯必须控制自己的膀胱。毕竟，在托拉查，人们可以在任何地方小便。我们经常被迫紧急停车，在回家的路上，其中一个人碰巧在我以前就读的学校后面小便。不知道要多少巧合凑在一起，我才能在这种情况下与一群印尼山里人一起参观这所学校。

像日本游客一样，发现令人印象深刻的景物时，他们不是简单地拍个照，而是要拍站在景观前面的集体照，几乎完全遮住了后面的背景。他们一次又一次地紧靠在一起，带着俗气的微笑出现在各种著名景点。甚至内内克和卡雷也会对着镜头，像兄弟般微笑，拍完了他们立刻相互怒视。

"这就像给猫和老鼠拍合照一样。"约翰尼斯高兴地说。

大约两个月后，谷仓渐渐成型了。雕刻师们把它加大，以适合展览馆的尺寸，这令我更加不安，生怕建筑材料供应不上。随着屋顶工程的推进，建造工作移到了空中。谷仓周围竖起了一个巨大的木制脚手架，他们在架子上摆动，努力保持平衡，把竹瓦片穿过藤条，并一层一层地系好。中央横梁和地板梁之间，连接了一根粗绳子，通过扭转一根绕在绳子上的木棍，直到施加足够的压力来达到想要的形状，这就形成了屋顶的标志性曲线。

虽然约翰尼斯主要是作为一个沟通的纽带来的，但他在建造过程中表现出越来越积极的态度。虽然出身雕刻世家，但他从来没有练过这样的技艺，而是去读了大学，选择了一个男人求上进的现代之路，因此他对内内克的态度是矛盾的。内内克的存在提醒约翰尼斯他出身乡村，使他难堪。然而，他很快意识到内内克在英格兰比在托拉查更受尊重。人们对内内克雕刻技巧表现出的兴趣和钦佩，以及内内克个性中显而易见的吸引力，让约翰尼斯震惊。他和内内克开始在晚上窃窃私语。

有一天，约翰尼斯害羞地一笑，拿起了一块木头开始雕刻。其他年轻男子立即大声嘲笑，但他微笑着，默默坚持了下来。他的天赋立刻就显现出来了，对传统图案演绎得相当完美。他自豪地挺起胸膛，立即把作品卖给了经常去吃午饭的印尼餐馆。

之后，他勇往直前。他可以在瞬间就想出一个充满新意的几何设计。"这是一种传统图案，但我把这些线路变成了晶体管，像我兄弟的电路图一样。"几天之内，他就从一开始仅仅为别人的雕刻上颜色，到可以直接参与谷仓的建造，全凭自己的本事。到了晚上，厨房更加拥挤，因为又多了一个雕刻师。

不雕刻的时候，他们就总喜欢看电视，骚扰约翰尼斯为他们翻译，直到约翰尼斯无法忍受。战争片非常对他们的口味，排名第二的是性爱片段。爱情片没必要使用高度色情的场景，印尼的审查制度对这一点非常严苛。听到他们不赞成的啧啧声，就知道他们看得很享受。当然，最受欢迎的是广告，现在印尼电视上已经停播了，我听到他们在浴室里哼着广告里的曲调，穿插着他们国内流行的爱国小曲。有时他们在口香糖和厕纸广告乐的旋律中也能唱起爱国词句。

然而他们的评判标准很苛刻，对开放大学节目的看法是："故事太多，女性不够多，没有人被枪击。"似乎只有内内克一个人喜欢有知识内容的节目。他观看了整个量子物理学课程，显得很享受，并从头到尾欣赏了已故的欧内斯特·海明威的传记片，他突然停下来评论说："很高兴能看到像我这样的老年人。"

约翰尼斯去苏活区[1]的餐厅时发现了伦敦生活的阴暗面。他一定是把这些信息传给了卡雷，因为后者开始询问"hontesses"（他们版本的"小姐"）的事情。然而，当得知大概的价格时，

---

1. 苏活区位于英国伦敦西部的次级行政区西敏市，原本是当地的红灯区。

他吃了一惊。

"我可以为此买一头水牛——相当健美的水牛。"

当时艾滋病在电视上被广为宣传，尽管很简略，但已经使其中一位雕刻师确信自己神秘地感染了艾滋病。幸运的是，结果他只是有头皮屑。

所有当家长的都知道，如果房子突然一下子变得太安静了，孩子们一定在策划一些事儿——而且是淘气的事儿。在不知不觉中我代入家长的角色太深，以至于有天晚上有了这样的反应：我蹑手蹑脚地走进门口。客厅里传来阵阵笑声，这些托拉查人发挥足以令他们的民族声名远扬的创造力，与印尼餐厅的服务员达成了一项协议——以雕刻艺术品换色情视频。

内内克和卡雷之间继续保持冰冷的关系，坦杜克有时温和地居中调解，有时又支持卡雷。约翰尼斯平息冲突的方式赢得了我极大的尊重。他们很快就调整了吵架的方式，最大程度上利用了英国房子的格局。卡雷是第一个发现楼梯的戏剧性潜力的人——楼梯非常适合在愤怒中大踏步地上去，最后来一个侮辱性的暴击，扭头就走。但内内克发现了摔门的办法，托拉查的门很小，而且通常没有门把手，关门很难不夹到手指。不幸的是，我家的几扇门不适合用力摔打，因为被地毯挡住了。房里唯一适合被砰的一声关上的是浴室门，但你就只好把自己关在那里生闷气，直到无聊得受不了了才出去。

尽管约翰尼斯在托拉查人的内部矛盾中起到了调和的作用，但他仍然喜欢戏弄我。他向我透露了卡雷对村里另一名男子施加暴力而陷入困境的事。

"但是，"他微笑着说，"是因为水牛和女人的事。这可能发生在任何人身上。"

卡雷发起了新的攻势，他开始对内内克的专长指手画脚，对他雕刻的图案随意进行各种解释。当内内克用图案的名称和它们所代表的"财富"或"运气"等一般寓意来"解释"时，卡雷则会提供更"引申"的寓意。例如，当标出通常被称为"蝌蚪"的图案时，他在内内克面前宣布："我们把这个图案雕刻在谷仓上，是为了表明人们应该生活在一起，彼此尊重，就像稻田里的蝌蚪一样。没有人试图当老大。"

他还对雕刻在屋檐上的公鸡进行了歪曲的解释："我们把公鸡放在这里，是为了展示人不应该如此——就像这种动物一样，把自我凌驾于他人之上。"

卡雷以他自己的方式指出，托拉查文化中的传统图案可以适应新的道德要求。就像其分类中严格的二元对立一样，它们也能以无限灵活的方式进行变通。

事实证明，用来做谷仓屋顶的材料并不短缺。整个建筑及时完工，我们得以举行正式的竣工仪式，在仪式上，内内克对谷仓说出了祝福，但没有杀猪，这惹恼了卡雷。

内内克完成谷仓时，在门上用大号字母刻下了自己的名字，这使得他和卡雷之间的关系进一步恶化。卡雷特地早起，抹掉了这个名字。内内克却异常冷静。

"他是一个没有文化的人。"内内克洋洋自得地断言。他很高兴这一举动证明了他对前学生的评价，对此我感到怀疑。他把我叫到一边。

"等我们回家后，你再把我的名字画回去。"

现在到了我一直害怕的时刻——付款。

最初的合同是用水牛商定的，有一个将水牛转化为货币的公认汇率。年轻的雕刻师们已经决定他们想要钱，内内克也同意了，这很出人意料。现金的问题在于，它可以被贪婪的亲戚们掌控并被分割得越来越少，而水牛则没法分割。现在的问题是，我是否应该向每个人支付相同的金额，而内内克作为领头人，是否应该得到更多的报酬。年轻雕刻师坚持所有人都应该得到同样的份额。谈判进行到一半时，我突然看到了我自己，他们也一定在看着我。我仿佛看到一个场景——一个小老头站在竹制平台上，葬礼刚结束，他正在分发肉。他喊大家的名字，投掷出死去水牛的一部分。这是一个人的地位和等级被公开宣布的时候，在未来多年也不会轻易改变；是怨恨浮出水面、战斗爆发的时候，也是一个充斥着强烈激情的敏感时刻。内内克已经怒不可遏，准备跳起来。卡雷粗暴地交叉双臂。就连温和的坦杜克也怒目而视。只有约翰尼斯对别人的不快感到窃喜。最终，明面上所有人都收到了相同的款项，而内内克得到了额外的礼物。更重要的是，其他人应该知道他收到了额外的钱，但不知道具体有多少。

"你打算用这笔钱做什么，内内克？"

他的眼睛闪烁着光芒："我会把钱存起来留着养老用。"

　　这些人的文化背景与我们的截然不同，和他们达成这样的协议，充满了道德问题。事实上，这是一个道德空间[1]，空间的所有出口都被提前关闭。

　　涉及人的民族志展览并不新鲜，在 19 世纪这种展览很常见。其中一个展览可以看到一个野蛮的菲律宾人吃死狗，并以此作为噱头。

　　被展出的人对可能发生在他们身上的事一无所知，像动物园里的野生动物，展览结束时，他们有时会被扔出去自生自灭。

　　从那时起世界已经发生了变化，但权力关系依旧极度不平等。在一个他们不理解的世界里去保护他们，我们很难不被指责为家长式作风；让他们有发挥主动性的空间，又很难不被指责是无动于衷。像对待英国人那样对待他们是文化帝国主义[2]，而坚持他们与我们的差异则带有种族主义的味道。要求来自另一种文化的成员"表演"似乎是有辱人格的，而要求我们自己的艺术家这样做却不是。很明显托拉查人并没有感到羞辱，而是感到荣幸。他们身穿部落服装不是为了那些来参观的游客。对雕刻师而言，这是另一份建造谷仓的合同而已。伴随着地位和财富的增加，他们返回了自己的世界。约翰尼斯的父母一直很坚定。

---

1. 道德空间就是道德主体置身其中的社会价值场域。
2. 文化帝国主义的概念出现于 20 世纪 60 年代的"新帝国主义"浪潮，指文化价值的扩张行为。美国学者赫伯特·席勒（Herbert Schiller）在《大众传播与美利坚帝国》（*Mass Communications and American Empire*，1969）中提出此概念。

"如果不了解你或不信任你,我们不会让他跟你走的。他也想去,这对他有好处。"

这个展览不只是简单地从第三世界国家吸取知识,也是保护一种濒危的技能,能组织这样的展览是件好事。从某种意义上说,最好的礼物是约翰尼斯这个彻底现代化的托拉查人也开始雕刻了。他似乎是通过来到伦敦,才完全成为一名真正的托拉查人。然而,当他向我解释说现在他有足够的钱上大学时,我心里五味杂陈。他要写一篇毕业论文,看到我的田野经历,他决定这篇论文就写他的祖父。他正在努力区分传统生活和现代生活,后者将前者称为"民族习俗"———一顶派对帽,或者,在这种情况下是一顶学术帽,可以任意戴上和取下。

他们对我们是什么印象?直接询问并得到答案可能比猜测更容易。托拉查人的直率令人耳目一新。举个例子,有一次我给了约翰尼斯一件衬衫,他为此表示感谢。然而,当我问他是否喜欢时,他坦率地说他不喜欢。当我们为了礼貌而撒些小谎时,托拉查人总是说真话。

到了该回家的时候了,有两个人想家了,另外两个人则没有。约翰尼斯说他在这里度过了愉快的时光,但他期待着回家。坦杜克迫切地想回家种地,他解释说他有七个孩子,所以他想赶紧回去。相反,卡雷有八个孩子,他就想留下来。这里难道没有其他人想要一个谷仓吗?他很乐意再建造一个。令人惊讶的是,内内克最愿意留下来:"这里的食物很好,英国人更好。我为什么要回去?我在你的花园里种了咖啡,我想收获它们。"

一位评论家说，把这些外族人带到这里并善待他们是很好的事，但这样只会让他们回家时不开心。这成了永远不要试图对别人友善的论据。只是在对托拉查人的影响这个案例上，这个论断引起了我的质疑。

人类学在很大程度上忽略了个体而进行泛论。这种概括，总是在说明更广泛的真相时撒些小谎。然而，我越来越意识到，我带来的是四个托拉查人，但即将把他们作为四个单独的个体送回印尼。他们不再只是特定文化的载体，而是一个个真实的人。像印尼的风俗一样，我在他们离开之前给他们每人买了一份礼物，以此来纪念这段经历。对于大多数人来说，想要什么是很清楚的，是他们见过和喜欢的一些东西。但卡雷不是这样的。我问，难道没有他想要的东西，是他无法在巴鲁普得到的？他说，是的，现在他有这么多钱，他想要一把结实的门锁，因为其他人会想偷他的钱。

机场不是适合告别的地方。雕刻师们将在雅加达同一些托拉查同伴会合，并由他们照顾。他们的行李堆在身体周围，还穿上鞋子，看起来像难民。不出所料，他们全都泪流满面，泣不成声。我记得在那个风吹过的高原上，托拉查人曾向我展示了共同的人性标志——愿意和他们一起哭泣。现在我也同样没有拒绝接受。

"给我写信，"内内克说，"约翰尼斯可以念给我听。"

我的四块手帕和他们一起穿过安检门消失了。就在他们快要离开的时候，一阵刺耳的警铃声和保安人员的跺脚声突然传来。我提醒过他们手提行李中不能携带刀和剑。我没有意识到他们把刀剑放在了口袋里、戴在了腰间。

约翰尼斯尴尬地笑了起来，其他人一脸担忧。没有人会让我过这道安检门，我无能为力。他们已经在返回自己世界的路上。有许多人跺脚、摇头，穿着制服的男人抓挠下巴。最后，"武器"被保留了，并被带到飞机上。约翰尼斯转过身，给了我告别的微笑。内内克太矮了，我没法通过围栏看到他，但我听到了一个声音："别忘了收获咖啡。"

# 后　记

当我还是个孩子的时候，许多权威人士向我保证，我的罪恶将困扰我一生。没有人提到这同样适用于善行。然而，在本书详述的事件发生多年之后，当我走在新加坡的乌节路上，饱受闷热之苦时，一辆流线型的黑色奔驰——比人类记忆中的都还要长——停在我旁边。司机制服整洁，后窗一片漆黑，一扇车窗摇了下来，释放出一阵凉爽的冷气，露出一个身着深色时尚西装的身影，正懒洋洋地靠在后座上。尽管岁月流逝，他的着装风格转变了，我怎么也不会认错人——是约翰尼斯。最年轻的托拉查雕刻师长大成人了，看起来成熟稳重，甚至是端庄。我们难以置信地对视一眼，大笑，再次凝视对方。

"进来。"他说，推开车门，然后官僚性的习惯性动作开始了，"吃午饭怎么样？莱佛士城¹？"

我们上一次见面是数十年前在内内克的第二次葬礼上，内内克的遗体被包裹好并妥善放置在永久坟墓中。

还有一件尴尬的事情。为了维护内内克作为雕刻师带头人

---

1. 位于新加坡市中心行政区的大型复合建筑。

的权威，给他的秘密的额外付款将会是一头水牛（已经和他达成一致），由博物馆在这次庆典中赠送——内内克曾经热切期待。当我从约翰尼斯那里得知葬礼即将举行时，我立即前往巴鲁普。

购买二手水牛是一项复杂的业务，而且在这里和其他地方一样，我不得不听从托拉查人专业的判断。水牛被轻拍揉捏，检查嘴巴和蹄子，牛的花色用特殊的词汇讨论，这些词汇用于颜色深浅浓淡的精细区别，就像西方人讨论汽车的颜色。最后终于找到一头满意的水牛，付款并送到了村里。我不得不做一个简短的演讲，解释赠予这头水牛的原因。奇怪的是演讲似乎没引起什么好的反响。

我住的地方离村子一英里左右，是一个主要安置道路工人的廉价旅舍。每天早上，我们在清晨的寒气中坐着咳嗽、发抖、抽烟，等着喝粥时，总有一名个子矮小、皮肤十分黝黑的男人坐在我对面，眼睛一眨不眨、充满敌意地瞪着我。最后我再也受不了了。

"他是谁？"我问约翰尼斯，"他对我有什么不满？"

"哦，那是因为水牛的事。他是内内克的儿子。就在内内克死之前，他从工作的伊里安查亚回来了，上楼进屋。一个小时后，他走出来，宣布他的父亲已经去世了，但他的父亲已经皈依了基督教，所以不需要举行任何复杂和昂贵的仪式。"

"啊！"

"这事弄得整个家庭都分裂了，他们开始为之争吵。现在，通过赠送一头水牛，你揭开了旧伤疤。"

"但你为什么之前不告诉我？"

他耸了耸肩："不要紧的。"

这是一个无法回避的问题。第二天早上，我走到那个人面前，低着头，把手放在他的手臂上，自我介绍并开始叙述我整晚都在脑海里排练的一段话。

"我们赠送这头水牛，是因为我对内内克许下了诺言。诺言必须遵守。我们赠送水牛是因为我们喜欢并尊重他。我们把它送给他的家人，你来决定怎么处置。如果你决定留下水牛，那很好。如果你决定用水牛祭祀，那也可以。如果你决定把它交给牧师，也可以。决定权在你。"

他嘟哝了一声，但还是握了手，然后突然哗哗流泪，让我十分惊讶，最终我们讲和了。不过，尽管我很享受提交一张"一只中等体型、灰色和粉色相间的水牛"的收据，博物馆却从来没给过我那头水牛的报销款。也许博物馆会在我的葬礼上也送上一头水牛。

约翰尼斯并不像我之前想的那样去楼下的廉价美食广场，那里有热气腾腾的面条。电梯飞速上升，我们能在高处欣赏到灯光闪烁的海港区最壮观的景色。我的穿着很不正式，几个服务员看到我扬起眉毛，但约翰尼斯用自己崭新的、打扮光鲜又充满威信的形象粉碎了这些不认可。我们坐下来，向外眺望蓝天下那些高耸入云的摩天大楼，一片蓬勃发展的景象。随着新加坡将越来越多的海床聚集在它的石榴裙下，对面的填海土地上矗立起新建的滨海湾金沙酒店。我的盘子旁边放了一份装上软垫的菜单，摸着十分柔软。我看了看，里面的龙虾、牡蛎、和牛牛排等菜肴，像烹饪界价格过高的劳力士手表。

"随便点你喜欢的东西。"

我皱起眉头："都太贵了，约翰尼斯。有点不同于路边竹筒里煮熟的鸡肉。"

他嘲笑我这个不习惯商业世界的人的天真，报销账户和公款他运用起来已经游刃有余。"我知道哪些菜比较好，我来给你点。然后你去我的公寓和我的家人见面。我们可以吃榴梿，畅饮啤酒，就像真正的托拉查人。午餐包在我身上。我有一张信用卡。"

他还有一部智能手机和一个脸书账户，向我展示了像电视广告模特一样漂亮的妻子和孩子。他的儿子简直是年轻约翰尼斯活生生的翻版。

"我们称他为'Fotokopi'[1]，"他笑着说，"你的推特地址是什么？"我发现印尼语有了一个新动词：关注某人的推特。"我们现在要保持联系。"我们开始追忆往事，"你知道吗，村里每年都试图让我给你写信，通过赠送一头水牛，你获得了部分稻田的所有权。你不知道吗？他们想让我告诉你：在如此高的海拔，耕作你的田地有多困难，你的田里只产出很少的米，这块田的税收还在不断上涨，"他笑了起来，"你还记得吗，我们打开内内克的棺材时，他的遗体上到处都是蚂蚁，我们不得不喷洒'末日'牌杀虫剂？"

---

1. 即英语的"photocopy"，意思是复印件，指父子长相非常相似。

我让约翰尼斯随便点了些东西以摆脱徘徊的服务员，要了一杯我本不想要的啤酒以安抚酒侍。

"那么，约翰尼斯，告诉我，你是怎么来到这里的。你喜欢新加坡吗？"

他透过平板玻璃墙向外张望，抿了抿嘴唇。

"孩子们受的教育非常好，这里的一切都是新的。在新加坡，一切都运转良好。但我能回家的时候就尽可能回去，虽然孩子们在小村庄里感到无聊。到我退休时，我会回到家乡做些改变。我来告诉你这一切是如何发生的。

"当我从伦敦回到印尼时，我用你付的展览报酬支付了大学费用。"他忍俊不禁，脸红了，"我学过人类学。我的毕业论文是关于内内克·图里安。"

我倒吸一口气："我以为你会接替他成为大祭司。"一直以来每个人都认可约翰尼斯的智慧，承认某种假设的事将会发生。他也会成为一名了不起的大祭司，轻松背熟上千行古代诗歌，它们是托拉查宗教的知识资本。

但现在他把内内克变成了论文的素材，太像一个为了安慰我的夸张描述。

他摇摇头："我是一个基督徒。这一切的发生是因为上帝。"

因此，像许多年轻的印尼人一样，现代化的一部分是接受某个世界性宗教，穿着夹克、戴着领带耸耸肩，有一个城市的住址。我想问他是什么样的基督徒，然后想起印尼语用法的一个奇怪之处是区分"基督教"（kristen，总是意味着新教）和"天主教"（katolik）[1]。一些托拉查新教徒——我了解的是——已经接受了更令人不快的荷兰邪教，是基督教里绝对不让人喜欢和吹毛求疵的类型。我闭上了嘴。

"你记得我们为了拿到护照，与托拉查黑帮见面吧？好吧，当我回来后，我又和他们碰面，他们为我在政府中准备了一份没有关系我就永远无法拥有的卑微工作。我在伦敦学的英语派上了用场，我很努力，慢慢地往上爬。"

"现在呢？"

"现在我是一名外交官，是印度尼西亚共和国的代表，隶属于这里的大使馆。我帮助印尼人与所有东盟（ASEAN）国家进行贸易。从商品推广、商业联系、贸易法规，到哪些成分是允许的，哪些必须印在标签上，我都在管理。我在做各种各样的项目，经常出差。"

"那么老家呢？谁取代了内内克·图里安？谁来照管村里的旧宗教呢？"

他看起来很惊讶："旧宗教？没有人了。没有人再从事这个了。我们对世界更加开放。现在我们都是基督徒了。"

我想到了临终之际的内内克，想到了他儿子声称的最后一刻的皈依，想起整个历史上一连串祭司的传承走到了尽头。隔着桌子，我看着这个非常讨人喜欢、勤奋的现代人，一个世界公民，他的孩子英语和印尼语说得比托拉查语更好。想一想，

---

1. "kristen"即英语中的 Christian，指基督教的。"katolik"即英语中的 Catholic，指天主教的。

这里是新加坡。他们还会在学校学习汉语，真正的我永远学不会的属于未来的语言。

他再次拿出手机，翻了翻照片："看这个，你一定喜欢。有一点钱的时候，我做的第一件事是重新装修房子。"他在那里，站在精美的、崭新的"东阁南"[1]前，船形房屋上面的雕刻清晰分明，镜头里竖立着一个昂贵的竹制屋顶，使旁边的教堂相形见绌。他的眼中闪烁着骄傲，就像你在18世纪斯塔布斯[2]画作中的地主身上看到的那样，这些地主就站在他们的乡村庄园前。我想知道是不是有一个卫星天线隐藏在房子后面，是有人真的住在那所房子里，还是仅仅为了展示。

侍者出现了，端着一大盘多汁的寿司大杂烩，不容分说地放在了桌子上。

因此，那次展览的目标之一——尝试保护传统建筑，效果很好，但代价是什么？也许更大的、意想不到的影响是，帮助扼杀了印尼的一种传统宗教。我这样做了吗？约翰尼斯的新上帝赋予人们自由意志，让人有权做出各种选择。也许我应该反思，允许这人类尊严的标志存在。

仿佛要再三强调，确保我能理解，约翰尼斯注意到我不愿大快朵颐，探过身来冲着我挥舞着汤匙。

"你想让我为你挑一个吗？"

---

1. 东阁南是印尼南苏拉威西托拉查地区的传统房屋，即本书提到过的传统祖传家屋。
2. 斯塔布斯（1724—1806），18世纪英国代表画家之一。

图书在版编目（ＣＩＰ）数据

倒霉的人类学家 / （英）奈吉尔·巴利
(Nigel Barley) 著；向世怡译 . -- 福州：海峡书局，
2023.8（2023.10 重印）
书名原文：Not a Hazardous Sport
ISBN 978-7-5567-1125-3

Ⅰ . ①倒… Ⅱ . ①奈… ②向… Ⅲ . ①人类学 Ⅳ .
① Q98

中国国家版本馆 CIP 数据核字 (2023) 第 103426 号

图字：13-2023-050
审图号：GS（2023）330 号

出 版 人：林　彬
选题策划：后浪出版公司　　　　　　　出版统筹：吴兴元
编辑统筹：周　茜　张媛媛　　　　　　责任编辑：廖飞琴　潘明劼
特约编辑：冯少伟　张朝虎　　　　　　营销推广：ONEBOOK
装帧制造：墨白空间·杨阳

## 倒霉的人类学家

著　　者：[英] 奈吉尔·巴利
译　　者：向世怡
出版发行：海峡书局
地　　址：福州市白马中路 15 号海峡出版发行集团 2 楼
邮　　编：350004
印　　刷：天津中印联印务有限公司
开　　本：880mm × 1194mm　1/32
印　　张：7.75
插　　页：8
字　　数：200 千字
版　　次：2023 年 8 月第 1 版
印　　次：2023 年 10 月第 2 次
书　　号：ISBN 978-7-5567-1125-3
定　　价：58.00 元

读者服务：reader@hinabook.com 188-1142-1266　投稿服务：onebook@hinabook.com 133-6631-2326
直销服务：buy@hinabook.com 133-6657-3072　网上订购：https://hinabook.tmall.com/（天猫官方直营店）

后浪出版咨询（北京）有限责任公司 版权所有，侵权必究
投诉信箱：copyright@hinabook.com　fawu@hinabook.com
未经许可，不得以任何方式复制或抄袭本书部分或全部内容
本书若有印、装质量问题，请与本公司联系调换，电话 010-64072833